服装设计效果图技法

FUZHUANG SHEJI XIAOGUOTU JIFA

王群山 著

化学工业出版社
·北京·

第2版前言

服装设计效果图，是服装设计者表达设计的手段，既包含艺术成因，又有技术含量。服装设计效果图是服装设计表达的重要组成部分，是服装设计系列课程的专业基础课。本书的编写以循序渐进为基本原则，对于服装设计效果图每个阶段的教授和练习都必须有明确的目的性。初期的服装效果图训练不仅是以提高学习者的服装画技法能力为目的的，而且要注意培养学习者对服装设计表达的兴趣。首先要为学习者提供一个可行性强的、有效的表达方法，要正确引导学习者树立服装设计效果图自觉的表达习惯，可尝试用轻松、自由多样化的方式来进行学习。在学习者的服装效果图表达过程中，提倡自由创新，充分发挥潜能，释放创造力。但这种表达潜能的发挥，只有在思维方式和方法都能够实现较自由的活跃的前提下，才能培养出具有个性的服装设计效果图的表达者。

本书特别注重培养读者提升心智、敏锐力、观察力，激发读者的创造性、发挥读者的潜能，扩大其视野、锻炼其解决问题的灵活性等。在理论学习的同时还必须重视教学过程中给予学生动手能力的培养，它可以反作用于思想，有利于服装设计效果图的正确与创新表达。形成了一种服装设计效果图的表达意识，为以后的服装设计打下了良好的基础。

本书由5个部分组成，服装设计效果图概述、服装设计效果图的人体结构、人体着装、服装设计效果图的表现技法、服装设计效果图与服装设计。

考虑到服装设计效果图技法表达的教学与工作的时代性与变化性，第1版的内容随着时间的推移不可避免地受到影响，第2版将部分服装设计效果图进行替换，更能体现服装效果图与时俱进的时尚性，如服装色彩的变化，服装造型的体现。同时，为了体现服装画内容的全面性，增加了不同材质的服装画，增加了服装局部表现的图例。

本书由王群山著，在撰写过程中得到了孙宁宁、马建栋、曹建中、庞绮等老师的大力支持。在本书编写的最后阶段，我的研究生刘晨琳、颜琳同学给了我很大的帮助，在此向他们表示衷心的感谢。

由于本书编写时间有限，故书中难免有疏漏之处恳请服装设计同仁和读者批评指正。

王群山

目录

第一章　服装设计效果图概述

服装设计效果图是时装设计师用以捕捉创作灵感的表达方法，是在较短时间内完整地表达服装设计意图，比较快捷地描绘出来的一种着装人体效果图。服装设计效果图是展现服装设计与人体各部位关系的绘画，能够较准确地表现服装的设计款式、色彩、材质、工艺结构以及服装的风格，是裁制服装的蓝图。服装设计效果图早已成为服装设计构思到作品完成过程中不可缺少的重要组成部分。

第一节　服装设计效果图的作用

学习服装设计效果图不仅要了解人体的结构比例、姿态等外形特征，而且要熟练地掌握描绘人体的技巧。更重要的是，学习者必须懂得服装的造型、结构、原理及衣料、色彩、花纹、饰物的表现方法，研究服装的流行趋势，善于运用适合表现服装设计款式的最佳姿态及画法，来准确地表达设计思想，最终完成理想的服装设计效果图。服装设计效果图的完成是时装设计师在观察、体验、感悟的基础上，对所要表现的事物和形象，在头脑中经过细致反复的酝酿与斟酌，从表现内容、形象、形式、技法上作出初步的提炼和规划，整个设计的蓝图初步在头脑中相对具体的展开，通过技法与形式有机的表现，从而给人们以美的感受。

服装设计师是通过对表现技法和形式美感的发掘和认识来实现服装设计效果图的美感表达，因此，表现技法和形式美感是服装设计效果图构成的关键因素，它往往决定或影响着人们对服装设计的评价。在服装设计效果图表现技法与形式美感的关系中，通过对美感表达的认识，来提高服装设计效果图的艺术价值，是一个非常有意义的创造性活动。

有些国际服装设计大师为了构思新款式，有时一连画上几百幅服装设计效果图。服装设计效果图作为一种辅助进行服装设计行之有效的技法，已被广泛使用。

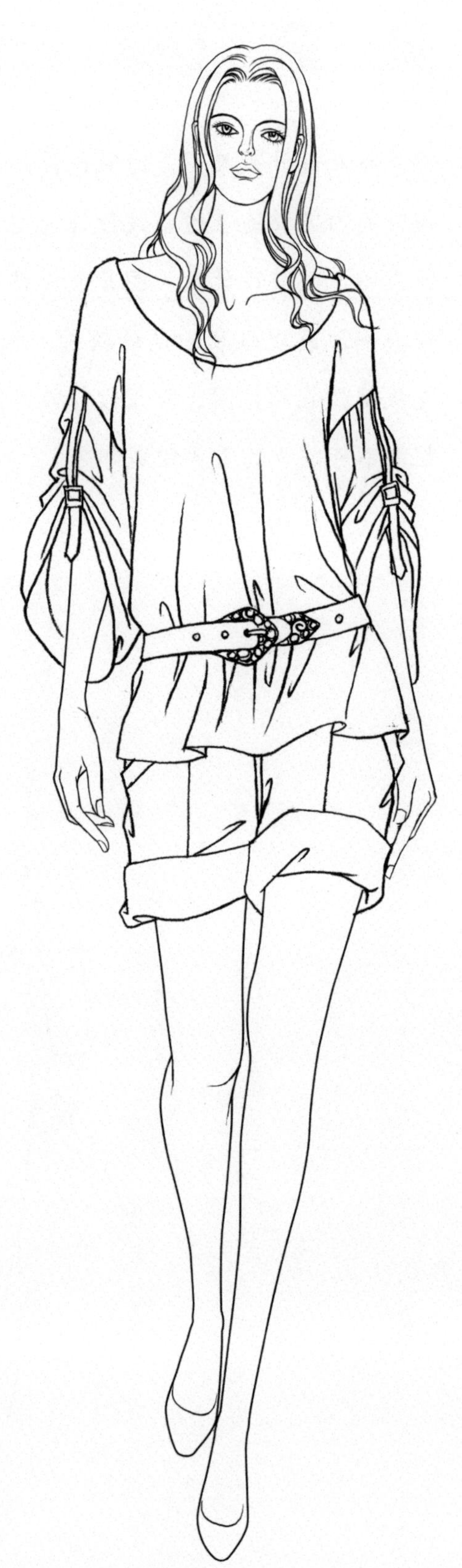

服装设计效果图是服装设计者在设计过程中展现服装造型美的方法之一。随着服装行业的发展，服装设计效果图早已被社会重视，已成为服装设计教学中不可缺少的重要组成部分。只有熟练地掌握和运用服装设计效果图的基本理论及表现技法，才能主动准确地表现出自己的设计思想，并能不断完善自己的构思，成为指导制作的依据，使设计获得成功。

第二节 服装设计效果图的特征

服装设计效果图是设计者表现服装穿着效果的绘画，它的主要表现对象是服装（包括鞋、帽、提包等服装配件）。服装设计效果图中的人物形象（动态、服色、气质）均应从属于服装设计的表现。因为服装的发展具有很强的时代性，所以服装设计效果图的表现深受不同时代人们的审美影响，具有鲜明的时代感。比较国际近百年来的时装设计效果图作品，可以看到不同时代的时装设计效果图都各自具有明显的时代特征，20世纪50年代追求简洁、庄重，80年代追求粗犷、潇洒。

服装设计效果图的表现手法十分丰富，有粗犷的、简洁的、稚拙的；也有庄重的、细腻的、典雅的。可以用水彩、水粉表现；也可以是马克笔、彩色铅笔表现。人物的呈现千姿百态，艺术风格变化不一，形形色色的表现技法，使服装设计效果图具有丰富的艺术情趣。

第三节　服装设计效果图所用工具

科学技术的飞速发展，各种新的绘画工具、新的材料层出不穷，这里只介绍目前常用的几种工具与材料。

一、纸

1. 复印纸

适合画铅笔或钢笔（包括签字笔、绘图笔等）单线勾勒的服装设计效果图。不宜用水彩颜料和水粉颜料上色，但可用马克笔和彩色铅笔上色。

2. 素描纸

纸的表面比较光滑、洁白，性能在白卡纸与水彩之间，可用水彩颜料、水粉颜料、铅笔、钢笔、彩色铅笔、油画棒、马克笔、色粉笔等，都能得到很好的呈现。

3. 白卡纸

纸的表面光滑、弹性强，纸面坚实、洁白，可用水粉颜料、铅笔、钢笔、彩色铅笔、马克笔等，都会有满意的表现效果。

4. 水彩纸

纸的表面有纹理且相对粗糙，吸水性很强，铅笔、油画棒、色粉笔、水彩颜料、水粉颜料、淡墨在这种纸上都能得到很好的表现。

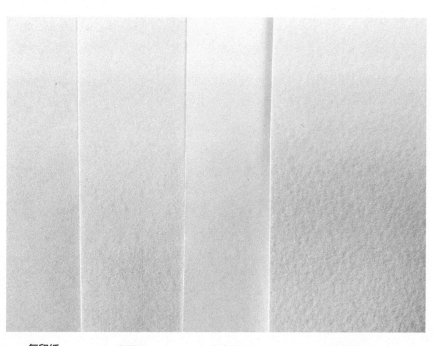

复印纸　素描纸　白卡纸　水彩纸

二、笔

1. 铅笔

铅笔是常用的工具，铅笔的笔芯有软硬之分，一般6B笔芯为最软、最粗，6H笔芯为最硬、最细。绘制服装效果图通常用中软性铅笔，建议用HB铅芯的铅笔表现服装设计效果图。

2. 钢笔

钢笔分为普通书写钢笔和绘图用的针嘴钢笔。钢笔表现出的线条紧硬光滑，针嘴钢笔除了具有这些特点外，还能非常细腻地表现局部，使画面呈现出精致的效果。

3. 彩色铅笔

彩色铅笔常用的颜色有十二色、二十四色、三十六色、四十八色等几种，使用、携带方便，适合于收集资料时记录色彩及构思草图和表现细部。

4. 水彩笔

水彩笔的笔头毛质柔软，吸水性强，一般都是圆尖头，根据笔头大小有多种规格。

5. 水粉笔

水粉笔笔头相对扁宽，笔头为方形，笔头毛质含水略少于水彩笔，根据笔头大小有多种规格。

6. 毛笔

毛笔一般为描绘中国画的工具。根据描绘对象的不同，毛笔的种类随之诞生。毛笔的种类较多，从笔毛的硬度分，有硬毫、兼毫和软毫。硬毫笔弹性好含水量少；软毫笔的笔毛相对较柔软，含水多；兼毫笔介于这两者之间。在服装设计效果图的表现过程中，常用硬毫笔（叶筋、衣纹、花枝俏），易于勾勒衣纹、五官；兼毫（七紫羊毫）笔刚柔兼具，勾线、上色染色均可，软毫（白云）则宜于渲染、着色。

7. 马克笔

马克笔是绘制效果图比较理想的工具，具有使用方便，容易掌握，表现力强的优点。表现出好的色彩即明快沉着，富有装饰性，重叠后色彩层次丰富，也可以画在纺织品上。

三、颜料

1. 水粉

水粉颜料也称为广告色、宣传色，它是绘制服装设计效果图常用的颜料，具有较强的覆盖力，表现力强，容易改动。

2. 水彩

水彩颜料是绘制服装设计效果图最常用的颜料，透明度好，色彩明快，但覆盖性能差。

第二章

服装设计效果图的人体结构

服装设计效果图也可称人体着装效果图，是指服装穿着于人体后的效果。因此，如果服装设计师只会画服装而不懂人体结构，这将会影响设计师的设计发挥和设计作品的效果，因为只有当衣服穿在人的身上时，才能正确地显示出服装较真实的设计效果。所以，服装设计效果图必须与人体造型紧密结合，根据具体的人体造型设计出适合的服装，才能恰当地展现出服装款式与造型。

第一节　人体比例

在人们的审美观念中，一般人体比例的美感要求为头长是全身长度的七分之一或七点五分之一，然而，在视觉艺术作品中最理想的人体比例是八分之一的比例关系。但在服装设计的发展过程中，人们发现服装设计人体比例关系为九分之一时，是比较理想的比例。九分之一的比例能够比较好地分配和了解人的基本体形，还能便于记忆，便于表现。因此，学习服装设计效果图以九分之一的比例进行对人体的学习比较适宜。在服装设计效果图中，为了更好地取得人体着装后的美感要求，在画面上，有人常常把人体比例再加长，会出现十分之一比例，甚至达到十二分之一比例，这需要根据服装设计的需要来决定，过于夸张的比例会影响成衣的效果，不切合实际。但这种夸张的比例可在时装画中去呈现。

现在画服装效果图常用的人体比例是九分之一的头身比，本书将把这种比例介绍给大家，以便掌握，在此基础上，再进行变化，达到理想或想要的人体比例。

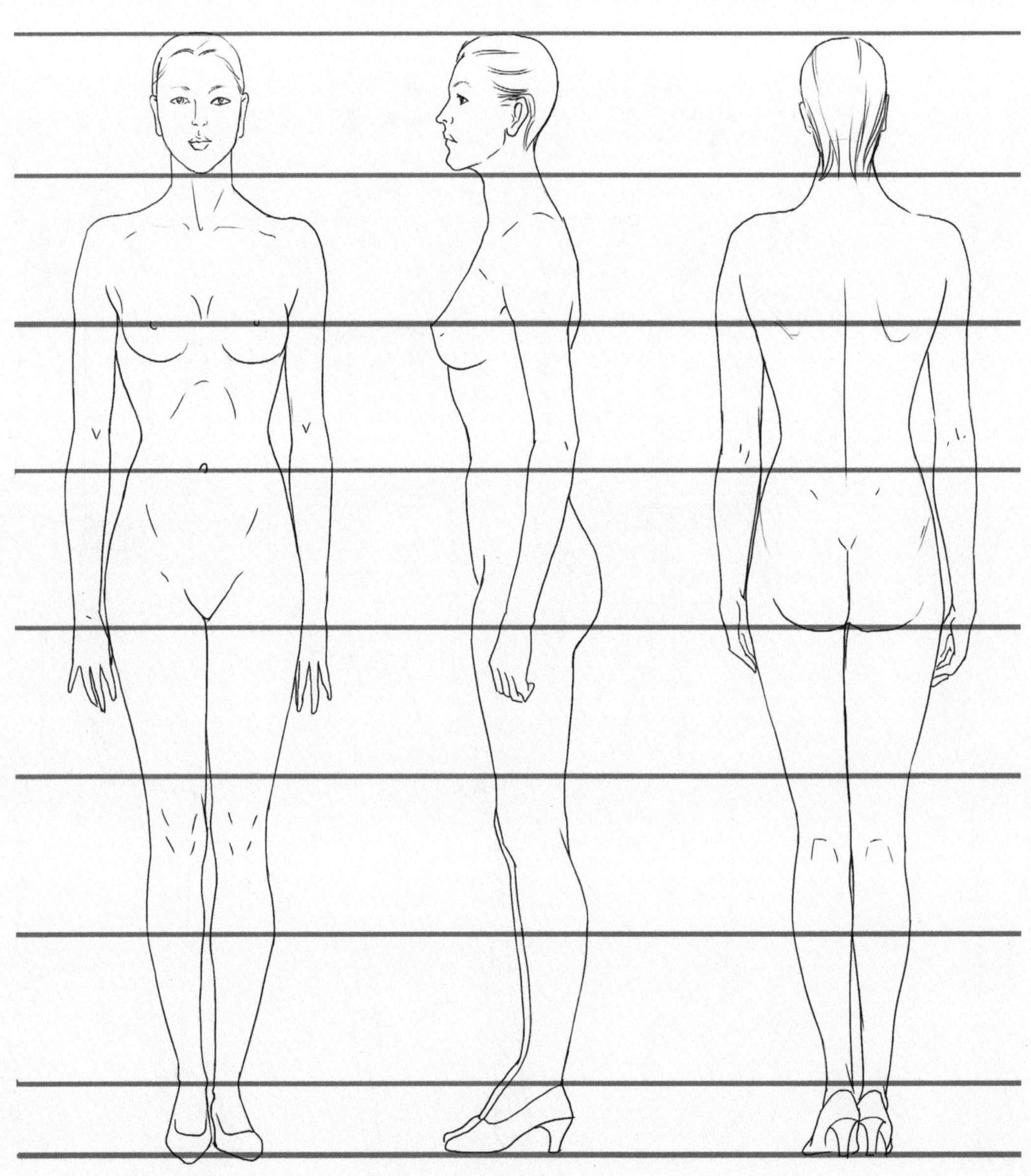

一、女人体比例

女性人体较修长，常见身高为6.5～7.5头身的人体比例，在服装设计效果图的表现过程中常常以身高为8～9头身来绘制效果图。女性特点：头颅略小，下颚圆润较小，颈部相对细长；肩宽为2个头宽，乳头间距1个头宽，腰线略长，腰部宽度为1个头长；手腕垂直长度在裆部，肘部垂直长度在腰线；胯部向外隆出，臀部上翘且丰满，腿部细长，膝盖在人体的四分之一偏上处。

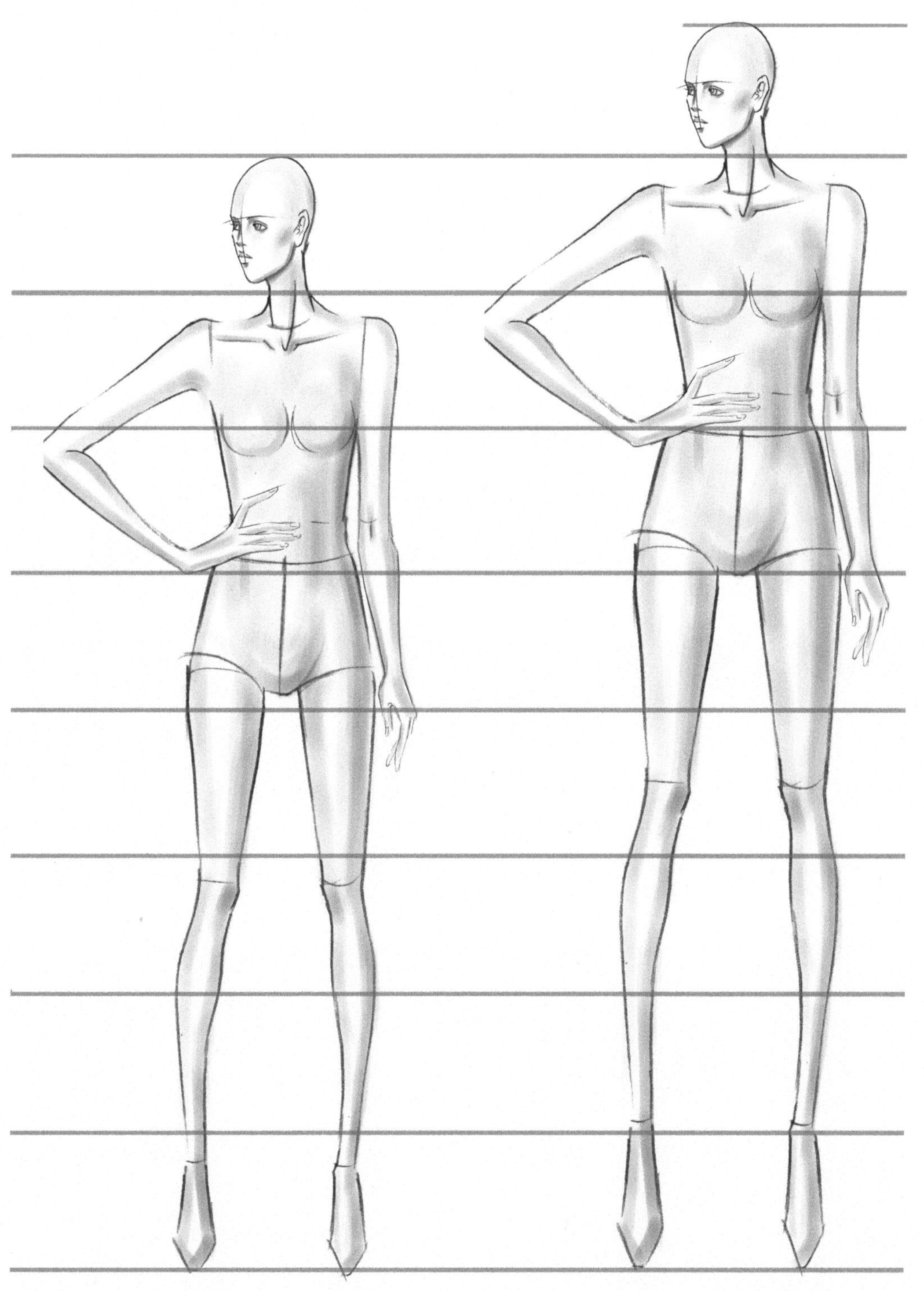

二、男人体比例

了解男性的人体比例是非常重要的，男女人体之间是有一定区别的。男性的身高常见的是7.5头身人体比例，在服装设计效果图的表现过程中通常以9个头身比例绘制效果图。男性特点：头颅相对略大于女性头颅，下颚方硬，颈部相对粗壮，肌肉结构明显且健壮；肩的宽度为2.5个头宽，两个乳头之间为1个头长，腰部宽度基本为1个头长，手腕垂直长度在裆部，肘部垂直长度在腰线，膝盖在人体的四分之一处。

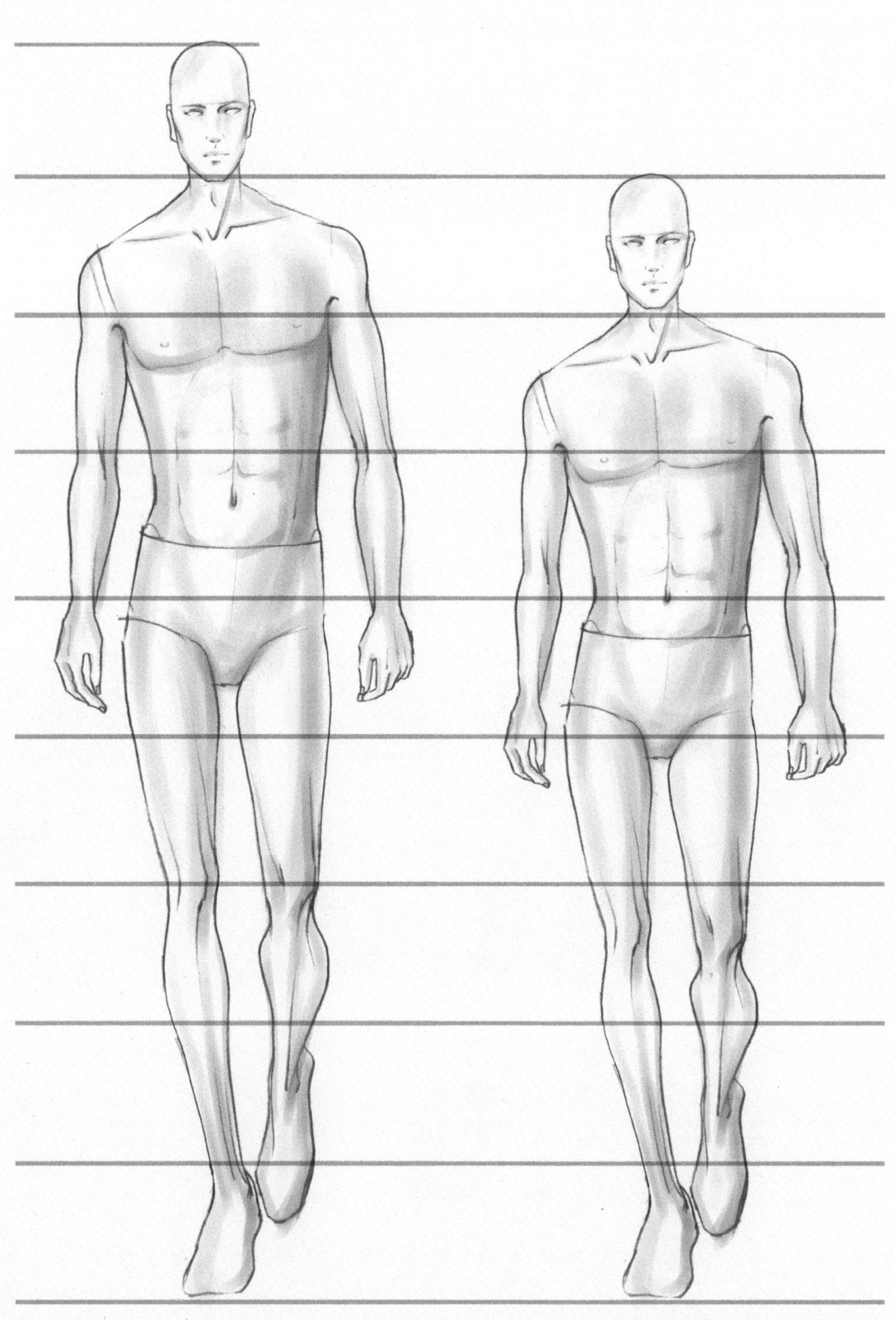

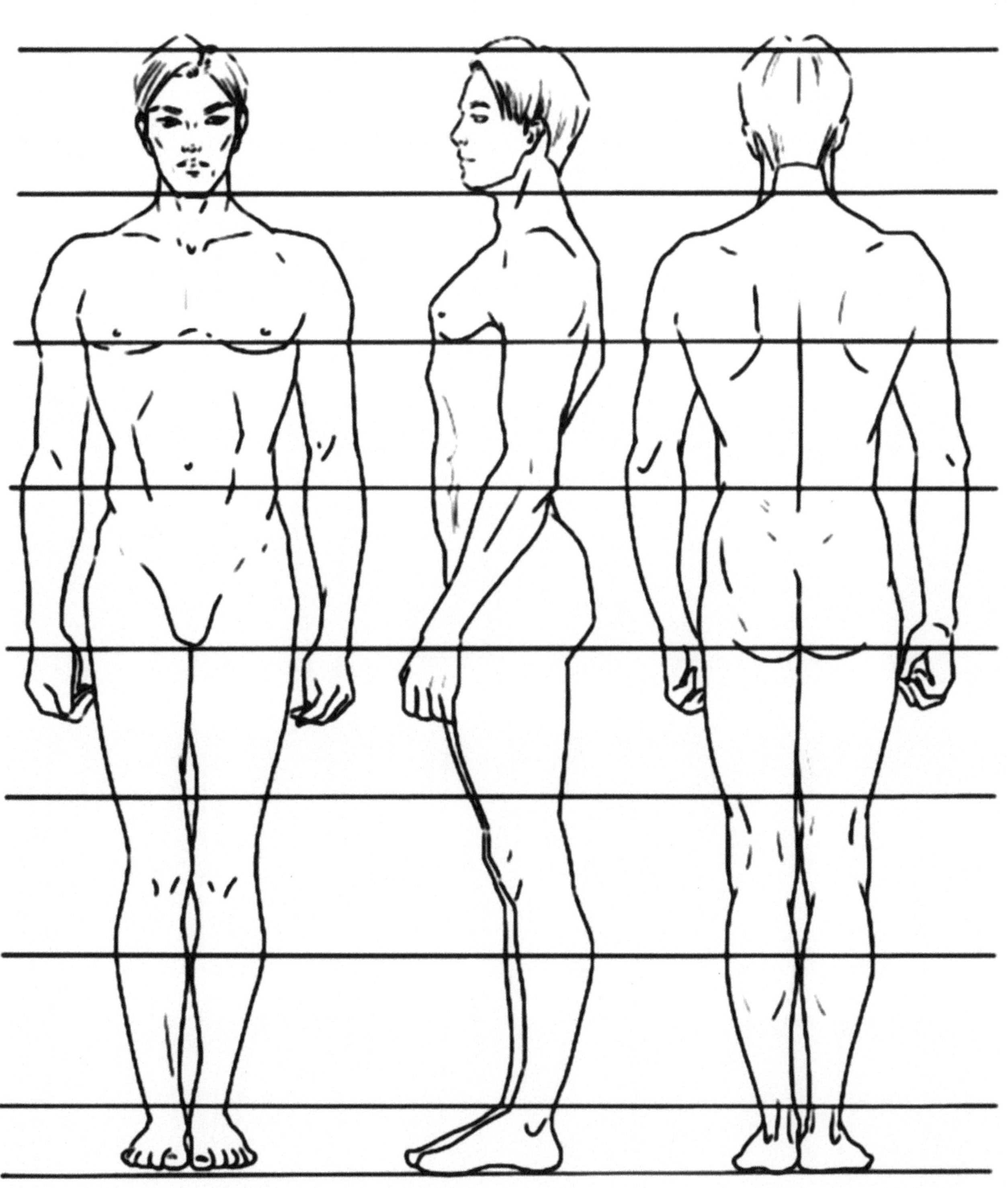

三、少儿人体比例

此阶段的人体比例为5头身或4头身，头部大小与成人基本相同，肩宽为1.2个头宽，颈部相对较短，腰部为1个头宽，手腕垂直长度在裆部，肘部垂直长度在腰线，膝盖的位置在人体的五分之一处偏上，整体感觉体胖而腿短。

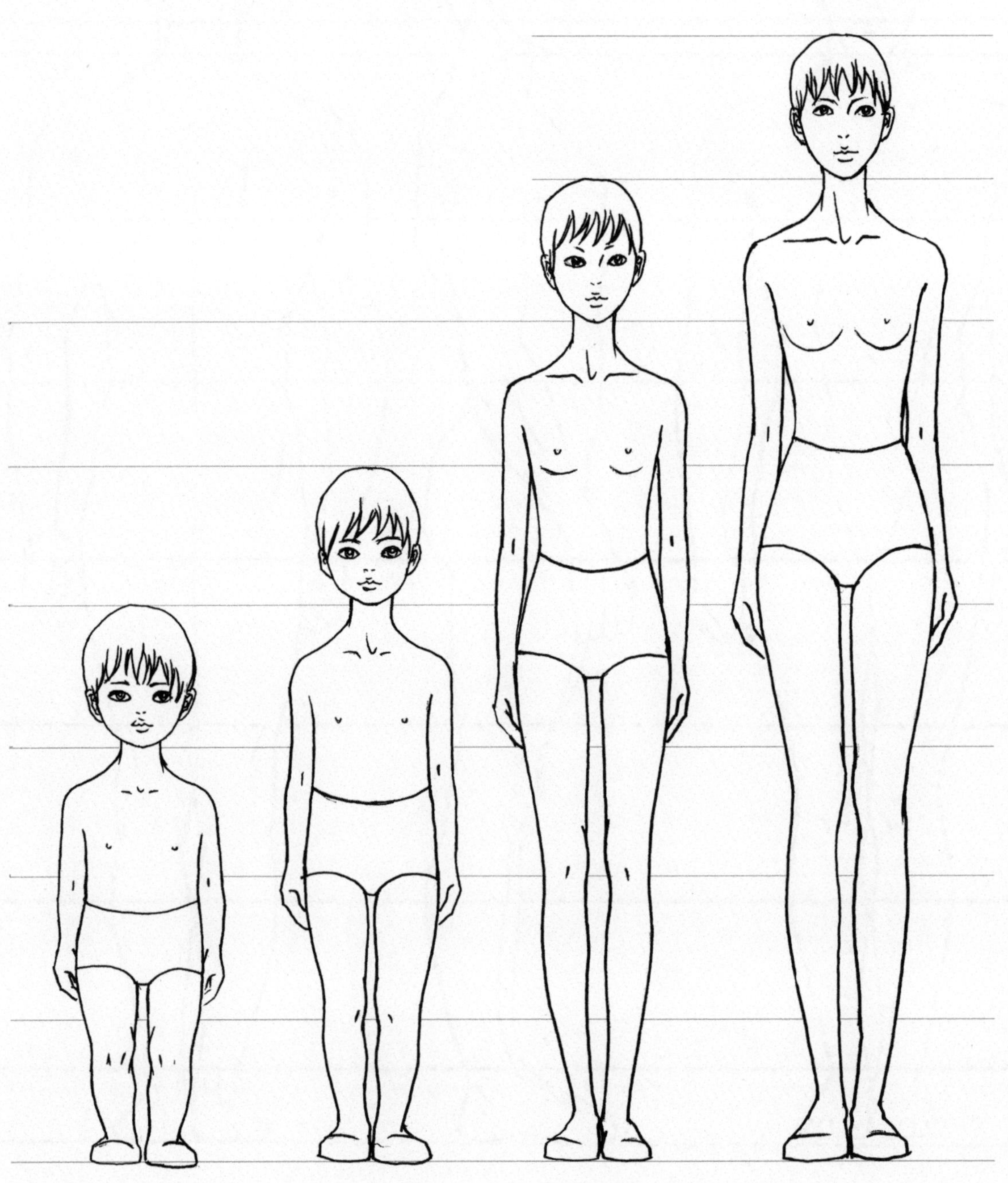

四、青少年人体比例

这个阶段的人体比例为7～8个头长，头部大小与成人相同，肩宽为1.5～1.8个头宽，腰部宽度为1个头宽，腕部垂直长度和肘部垂直长度的位置于成人相同，四肢细长，膝盖在人体的2/7处或偏上。

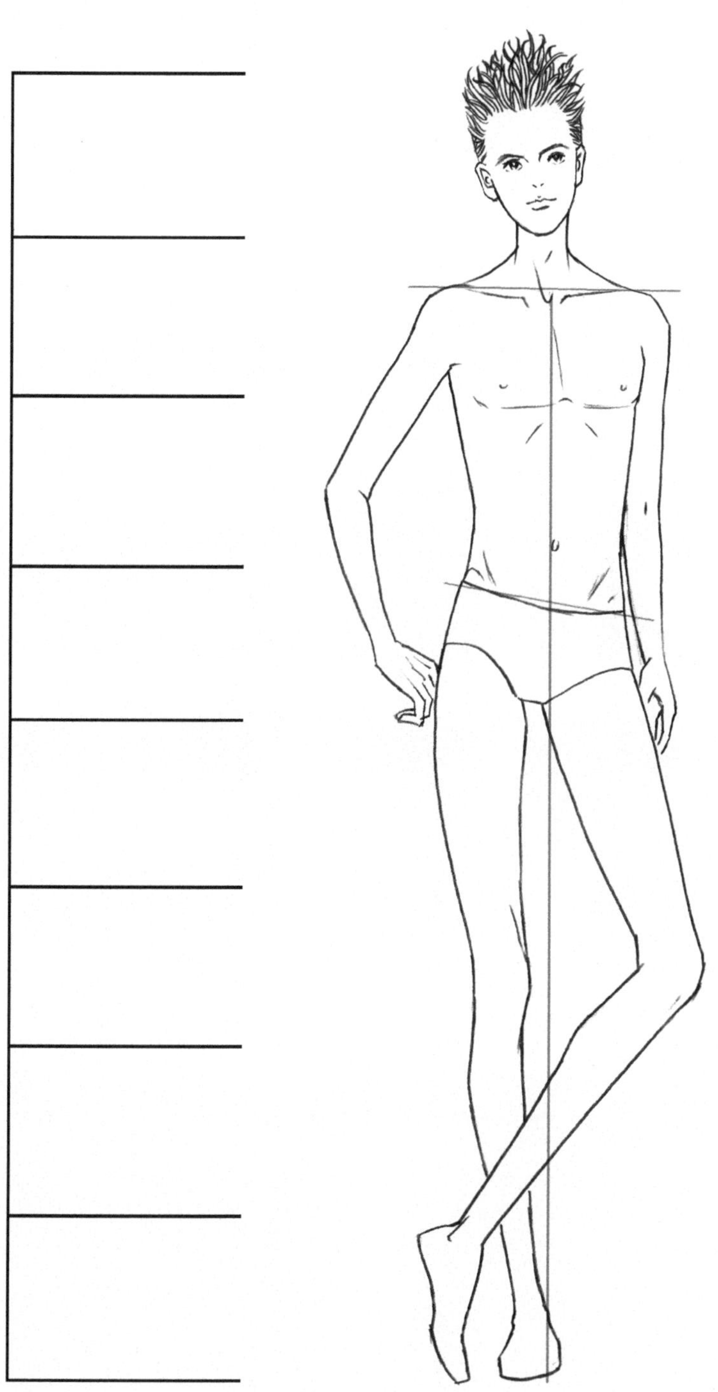

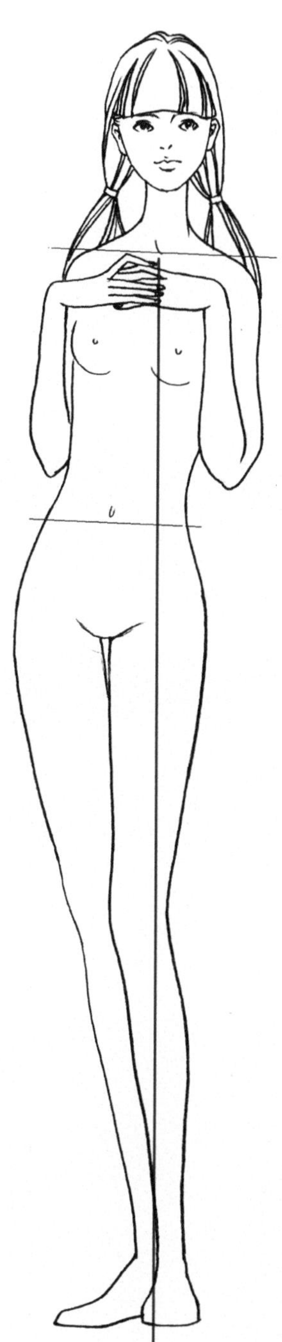

五、男女人体差异

由于性别的不同，男性与女性的体型有明显差异。一般来讲，女性全身高度低于男性，头颅小于男性，头型较圆或长圆；男性偏方型，且有硬朗的轮廓线和明显的转折。女性的颈部比男性长而细，男性的颈部相对粗而短，男性的肩要宽于女性。应着重表现女性秀长的美感和男性肌肉发达而健美的体态。在体型上，应强调女性的苗条秀长，而减弱肩和躯干尤其是腰部的宽度，重视胸部与臀部的描绘。表现男性时，应强调男子的魁梧与健美，加强肩的宽度，重视较发达的肌肉尤其是健壮的胸大肌，并同时减弱臀部的宽度而使躯干成三角形体。

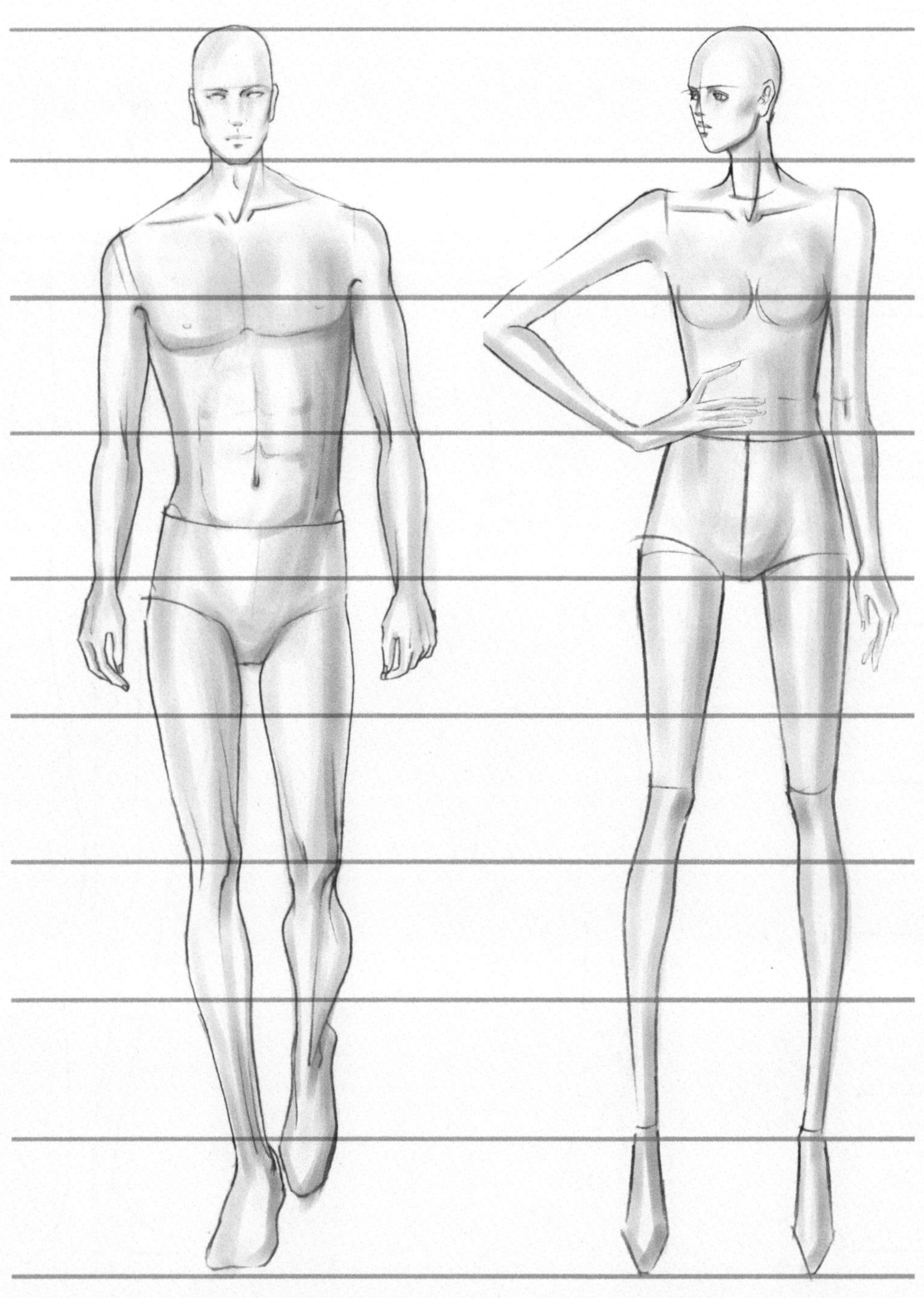

第二节　人体动态

服装设计效果图常用的人物动态，是根据服装款式设计的要求，从服装表演和日常生活中吸取、提炼而来。应根据不同服装设计的需要，概括成有规律的若干种基本的常用姿态，这些姿态可作为设计师常用的人体动态，用于服装设计中，从而取得服装穿着效果。

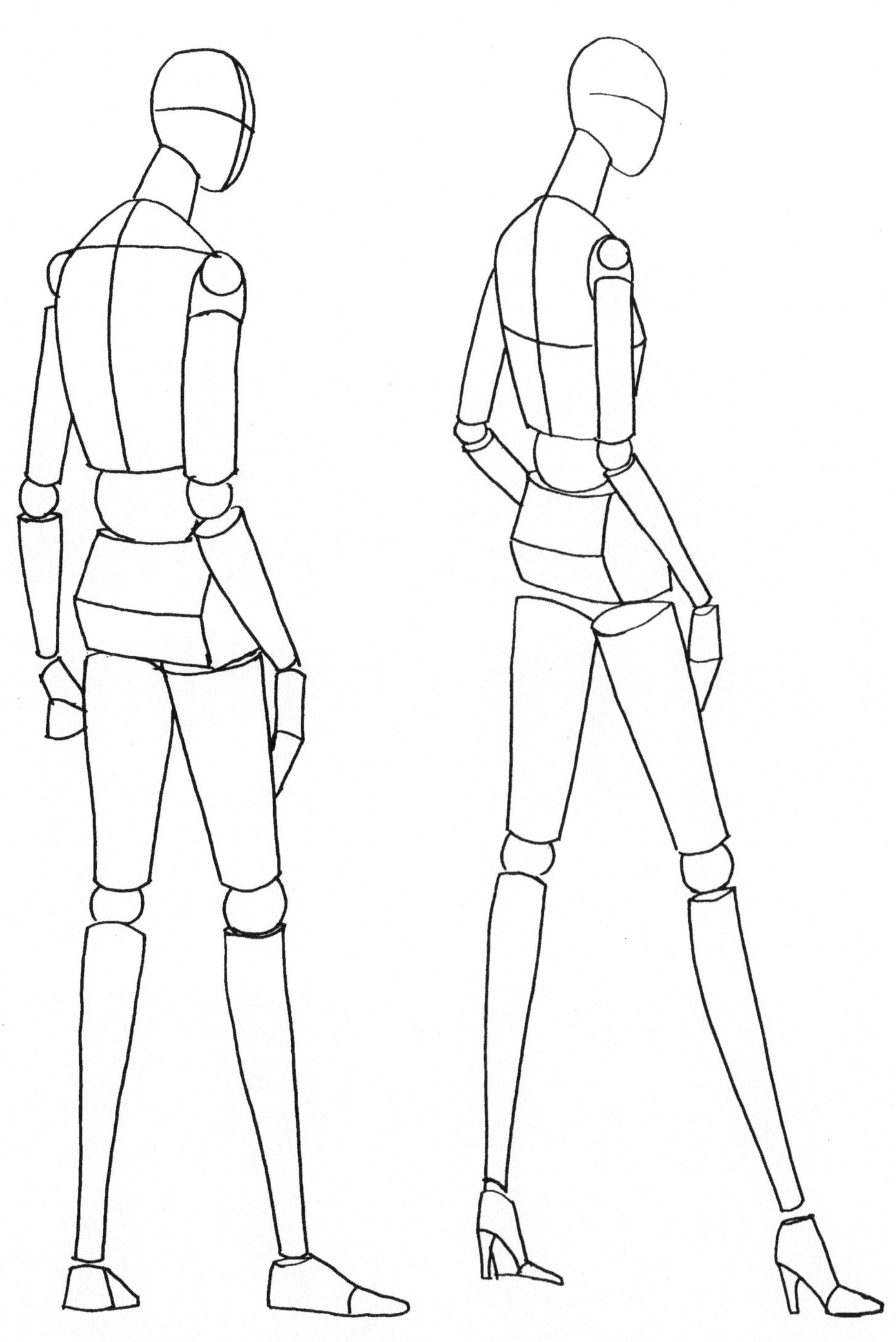

一、人体重心

人体受地球地心引力（通常又叫重力）的作用，重力的作用点就是物体的重心。人体重心线的变化带来人体的动态变化，人体能否保持平衡，与重心线有直接关系。

人体是由许多肢体连接而成的杠杆系统，其动态千变万化，因此，人体重心的位置也随之变化。当人体正面直立时，重心位在中间；当人体的下肢侧伸时，重心就移到一侧；当人体后伸时，重心后移，重心位置可向各个方向移动。

由人体的中心引出一条垂直于地面的线，这条线叫重心线，它是分析人体动态的辅助线，在绘画中常用重心线来检查和纠正人体动态中的错误，所以也称动态线。

人体常用动态，一般以全身表现为主，采用正面、侧面或半侧面，有时也用背面的，但无论如何都要先了解和分析人体重心。

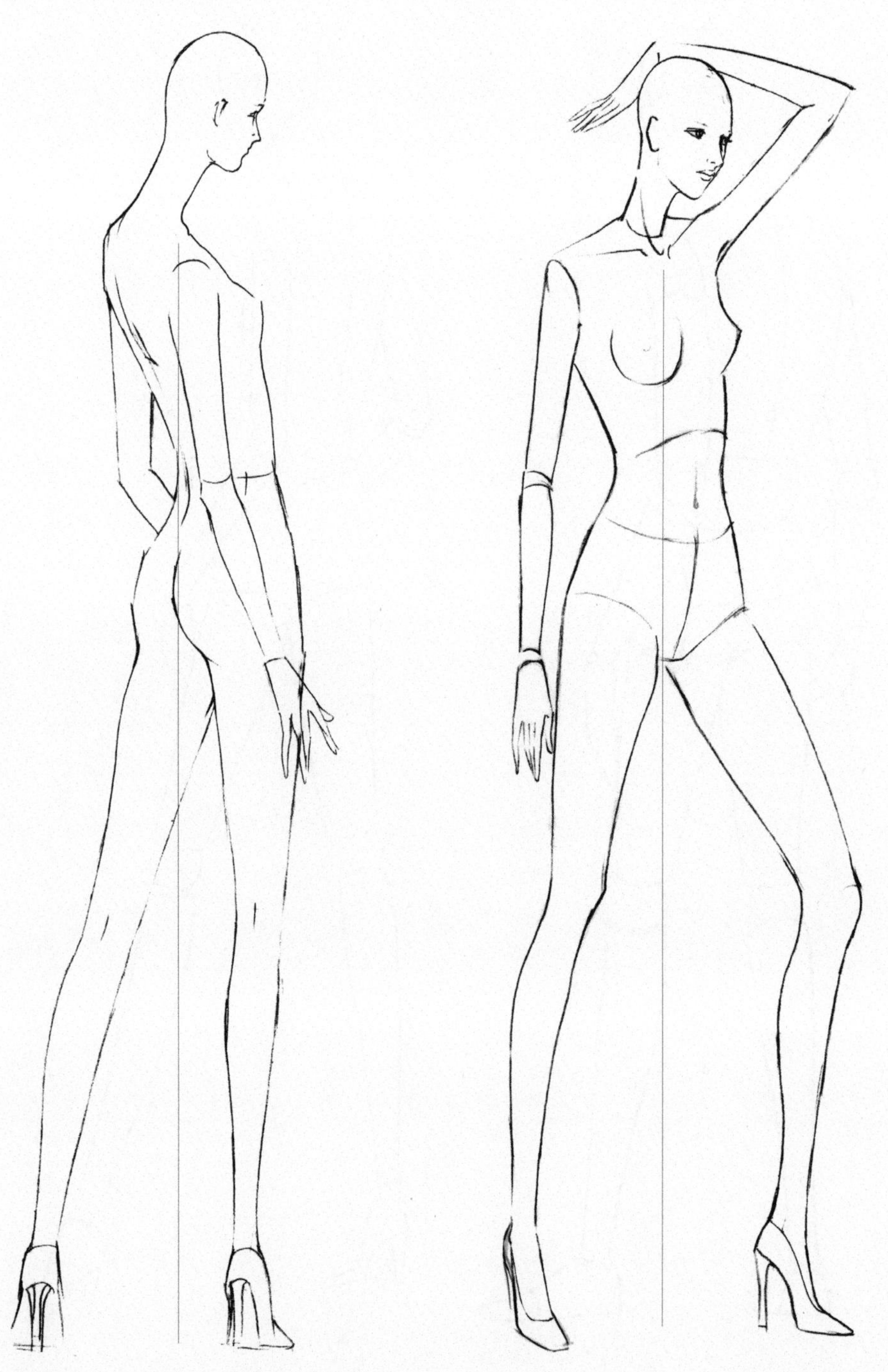

二、女人体动态

学习服装设计效果图，人体基本动态特征的把握是不可缺少的，尤其是女性的动态特征更是不容忽视，女性动态在表现时，因其动态变化较多，通常特别要注意她们的重心偏移方向及协调性，颈、肩、腰及四肢等各部位动作相对较大，节奏感强，躯干以各种S形为多见，给人以婀娜多姿、朝气蓬勃和有生命力的美感。

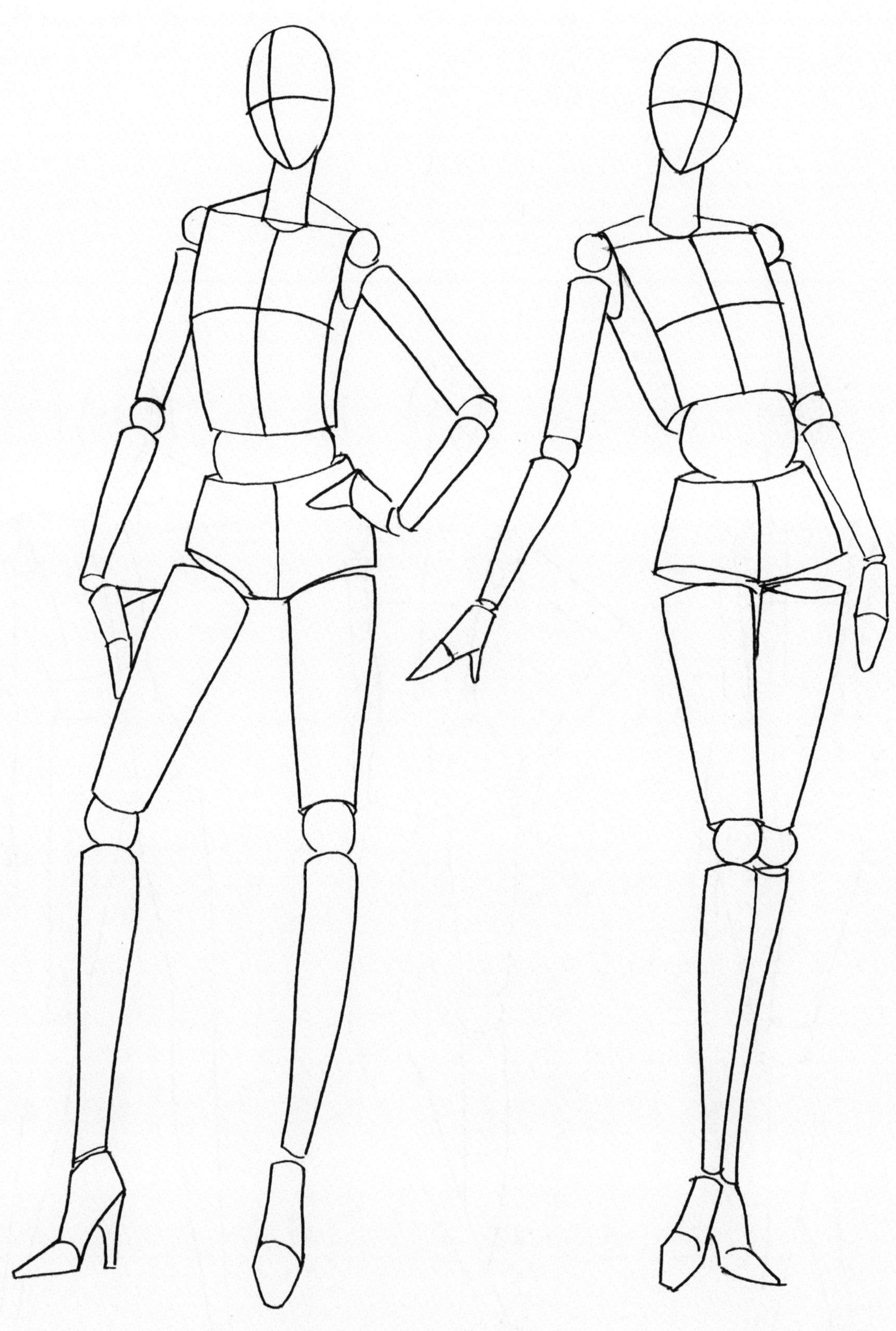

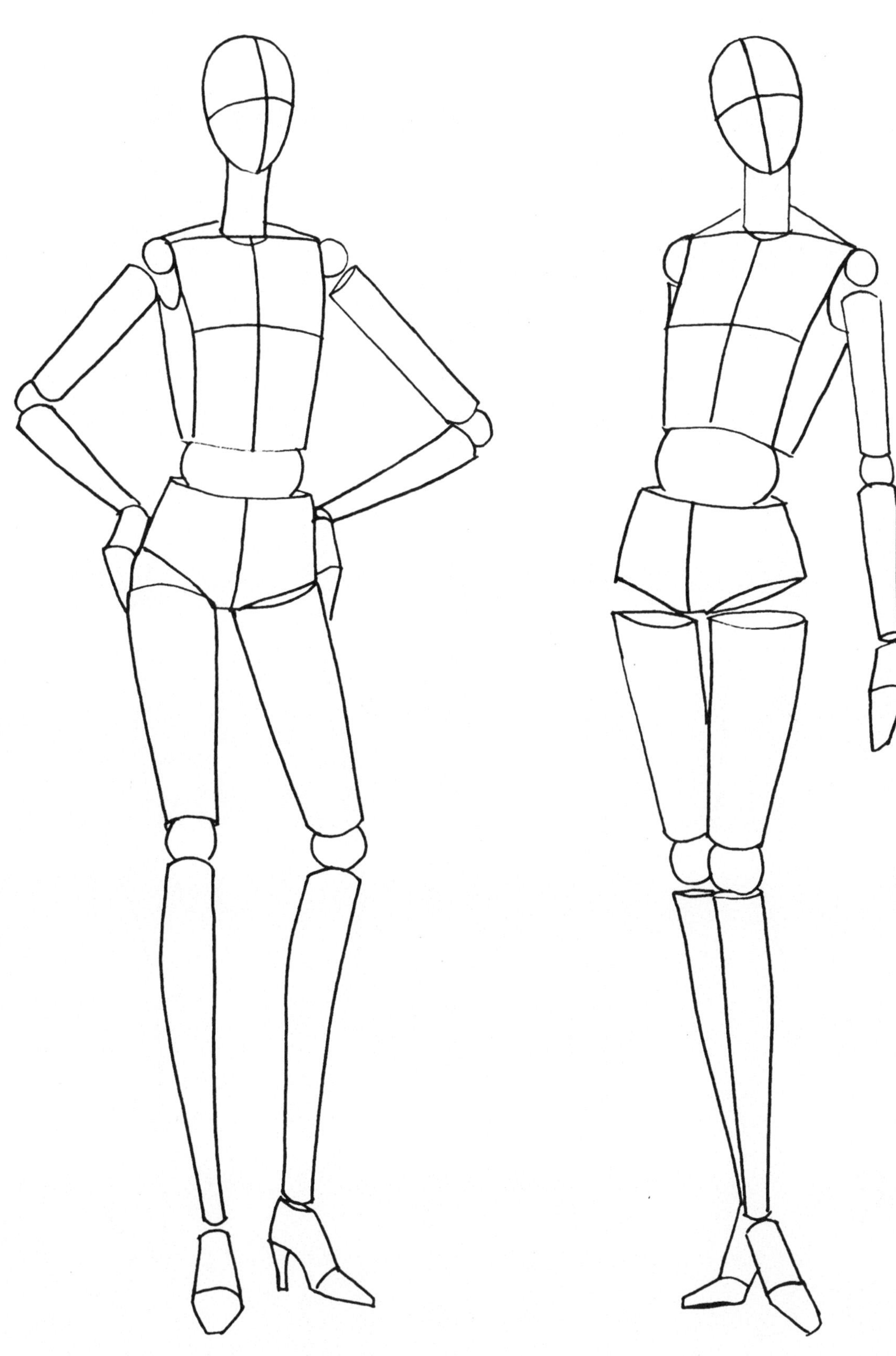

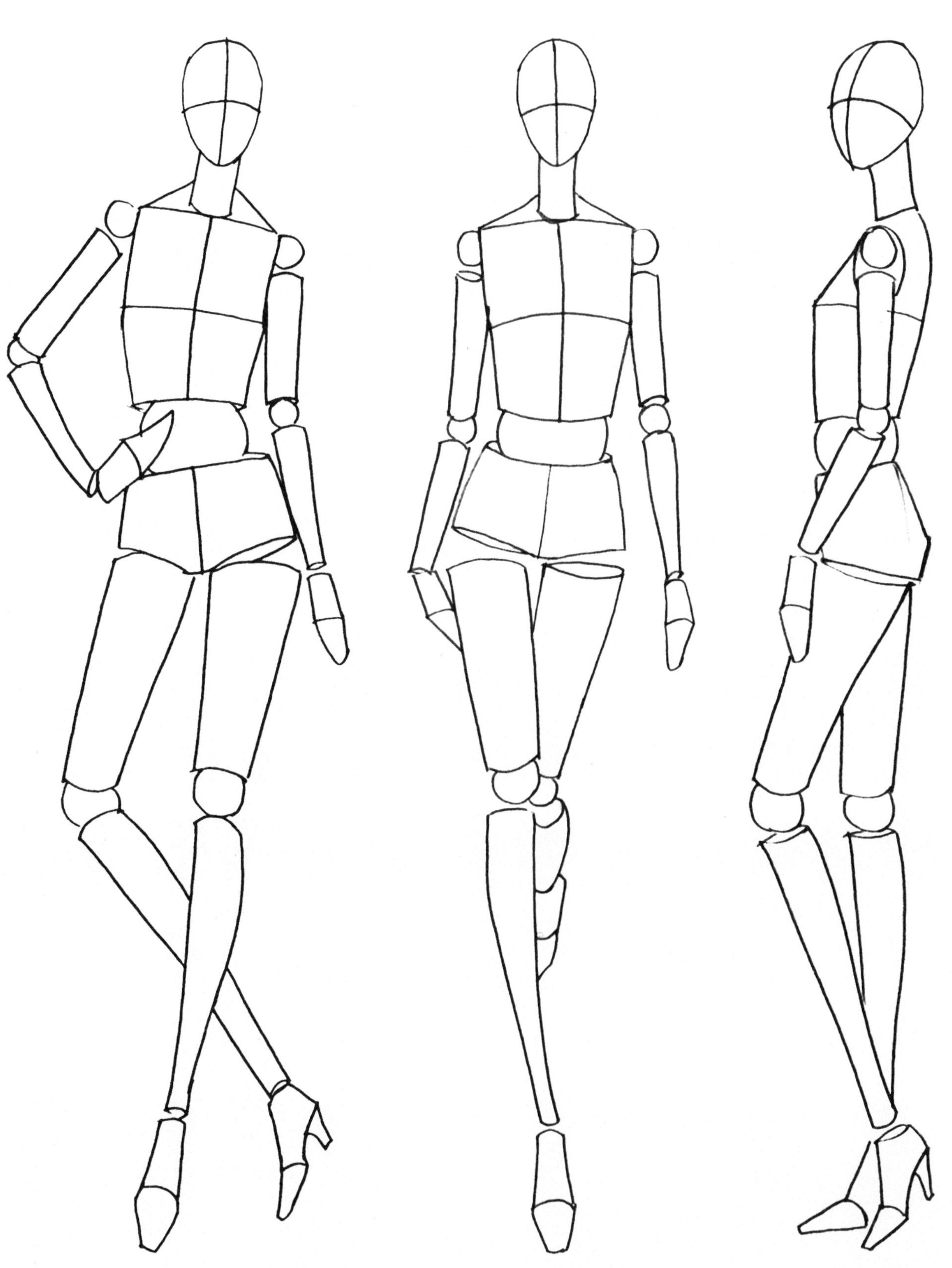

三、男人体动态

男性人体动态相对女性变化较少，人体重心及中心线基本对称，颈、肩、腰、臀、腿等各大关节的变化较小，微妙含蓄，给人以稳重大方的美感。

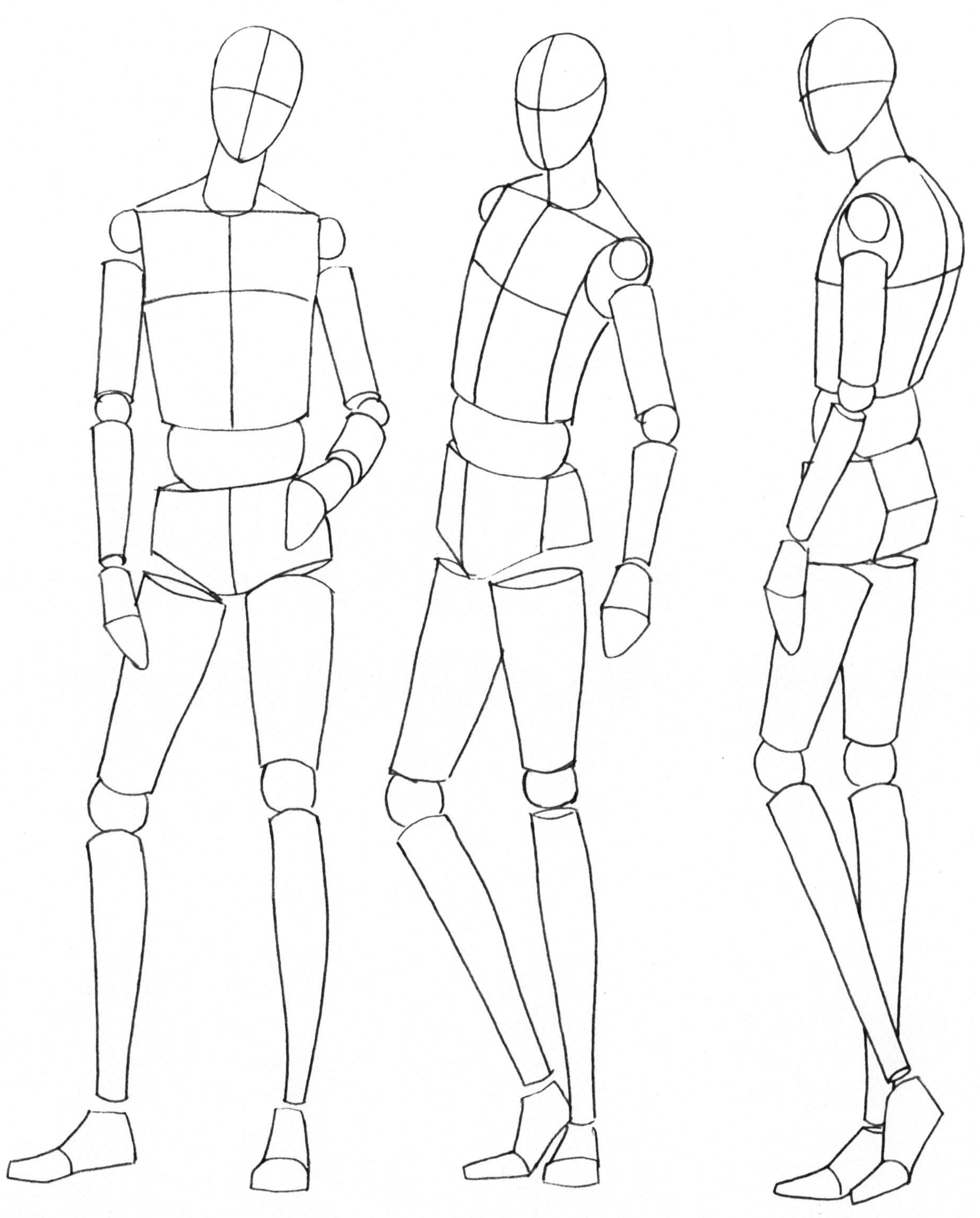

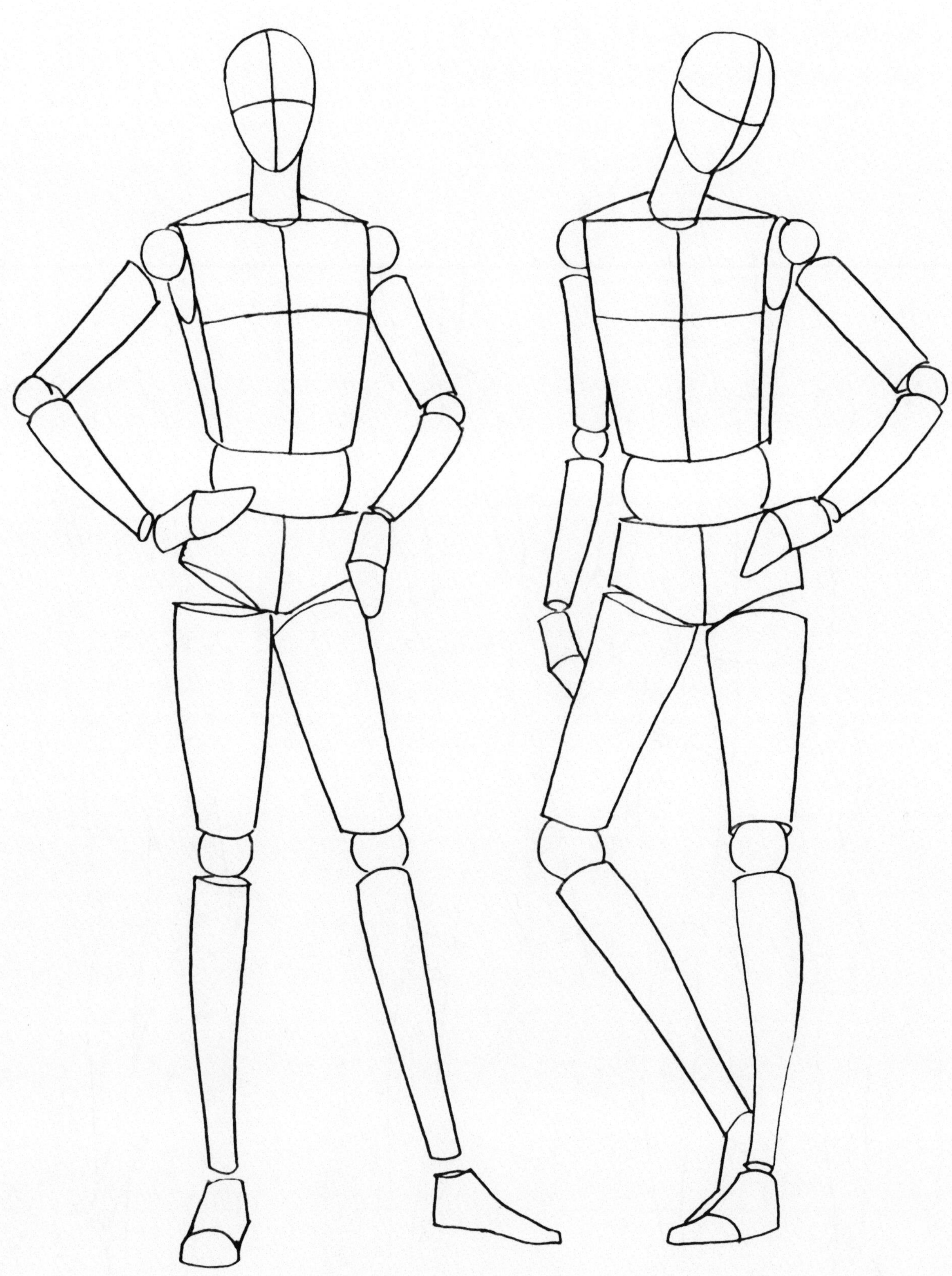

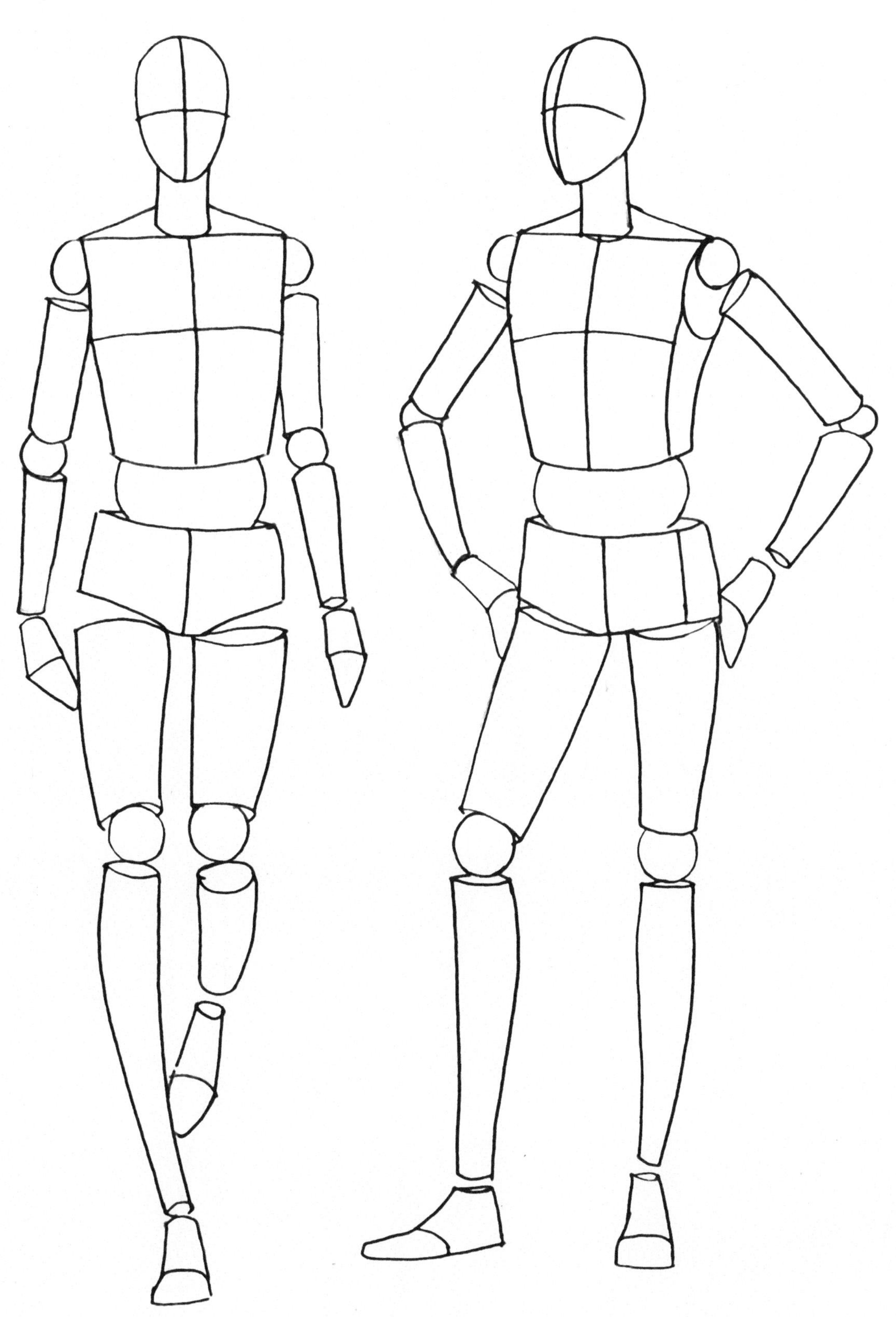

四、儿童人体动态

儿童骨骼都是藏在脂肪内的，对儿童人体动态的把握通常以纯真自然、活泼可爱为标准，但又富于变化，要画活动中的孩子，要善于捕捉他们憨态可掬的姿态和动作。

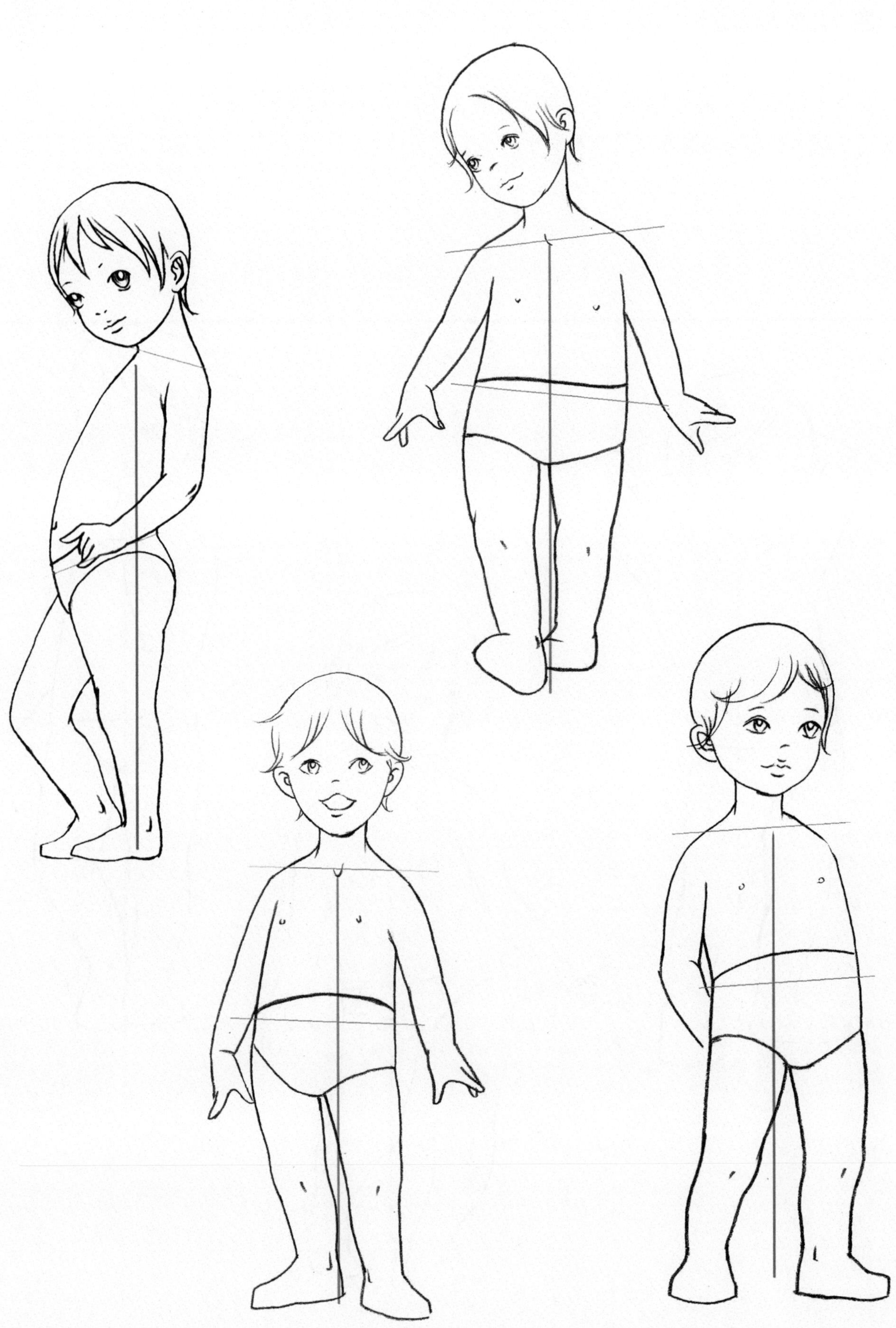

五、青少年人体动态

这个年龄段的人体动态特征应该略微夸张，稚气和笨拙依然是他们的特点，他们常常有意识地去模仿他们所崇拜的年长偶像。在表现青少年人体动态时，应以成人动态为依据，适当调整，描绘出他们故意做出的动作和姿态，要选择最适合的动作来表现。

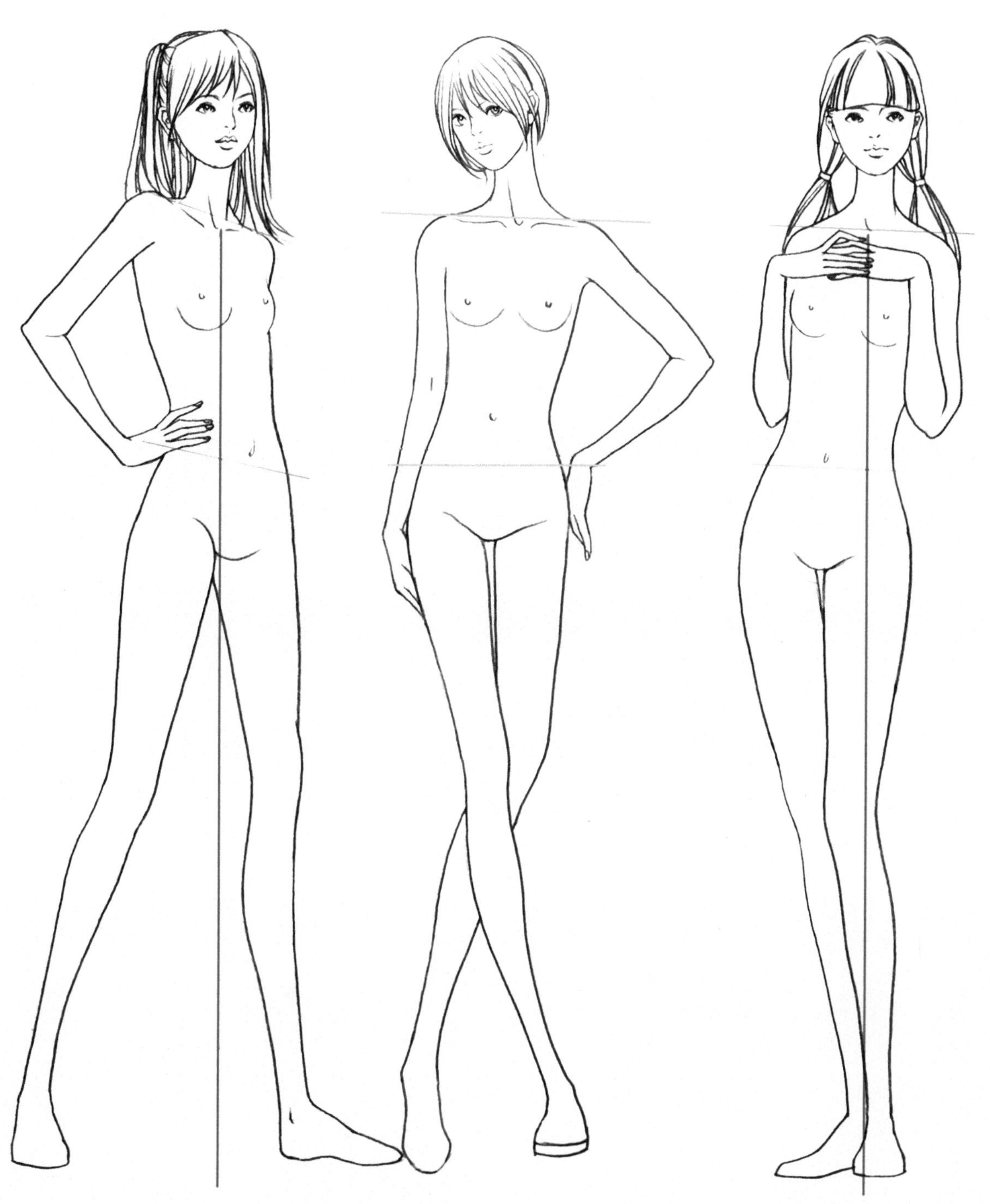

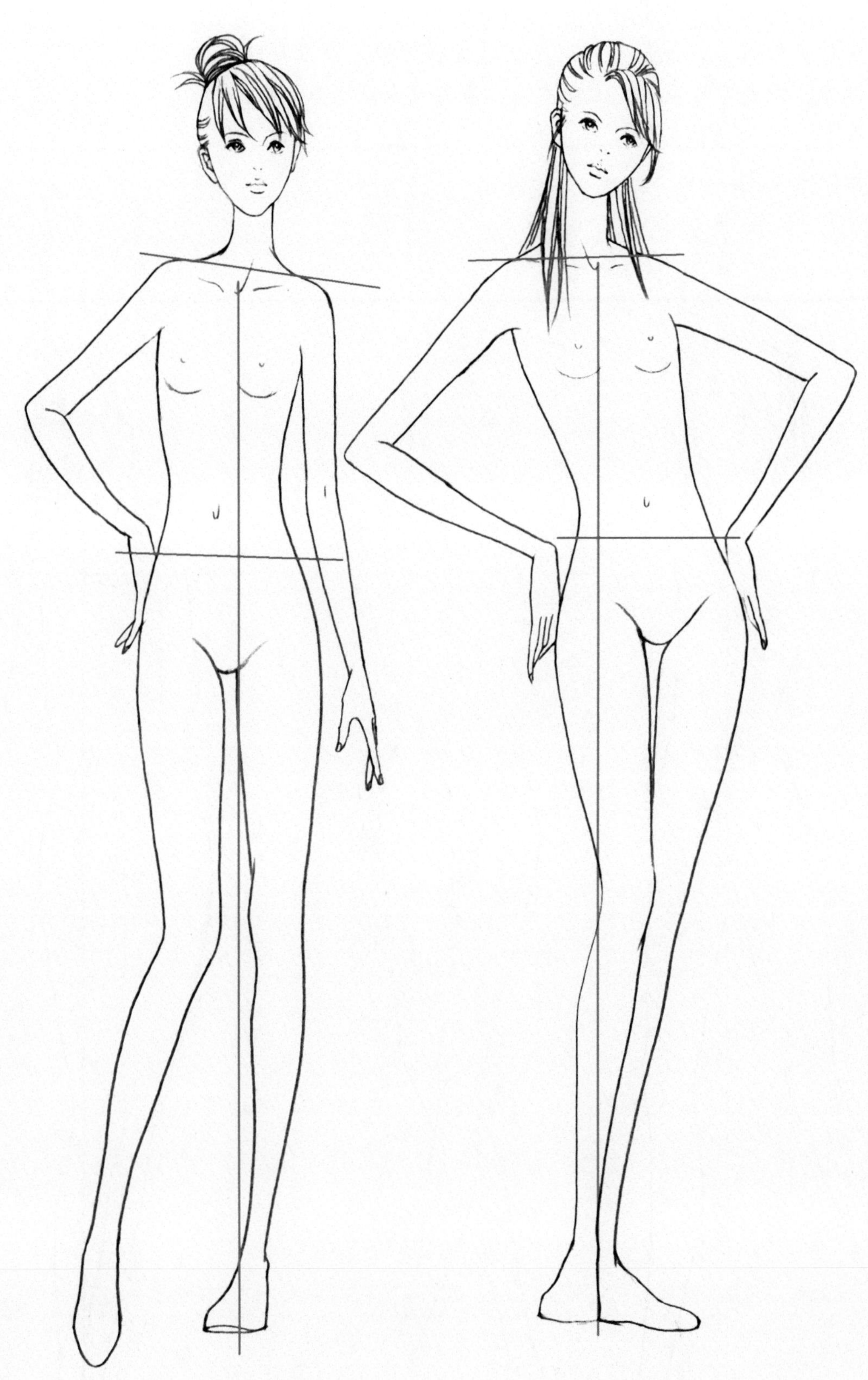

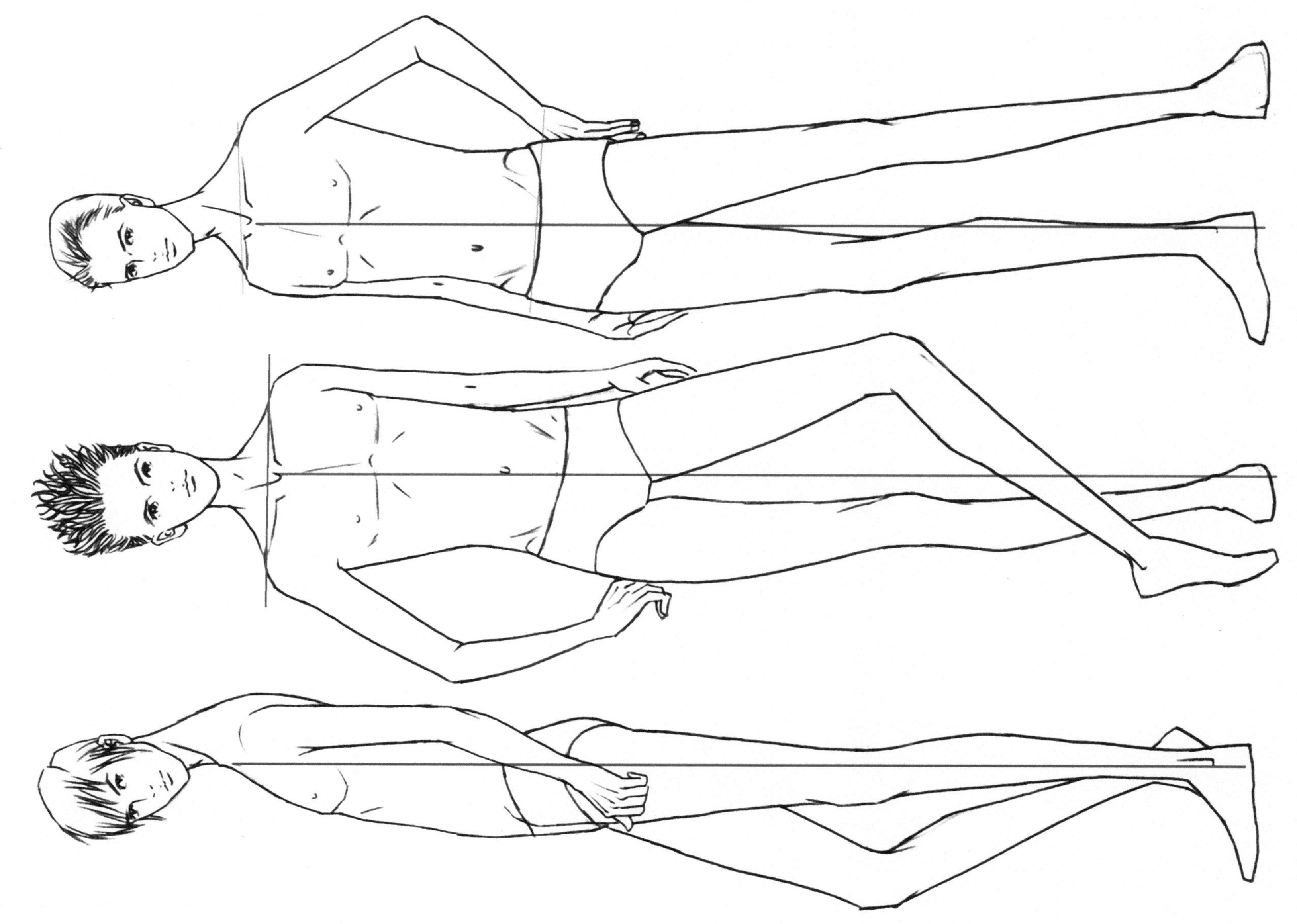

第三节　常用人体动态

人们在日常生活中的各种动态，较为自由和放松，动作幅度小，适宜于表现一般生活服装。对于学习服装设计的学习者，可在日常生活中认真观察，进行选择和提炼，概括成优美的日常生活姿态，形成常用的人体动态，特别有利于服装设计的表现。

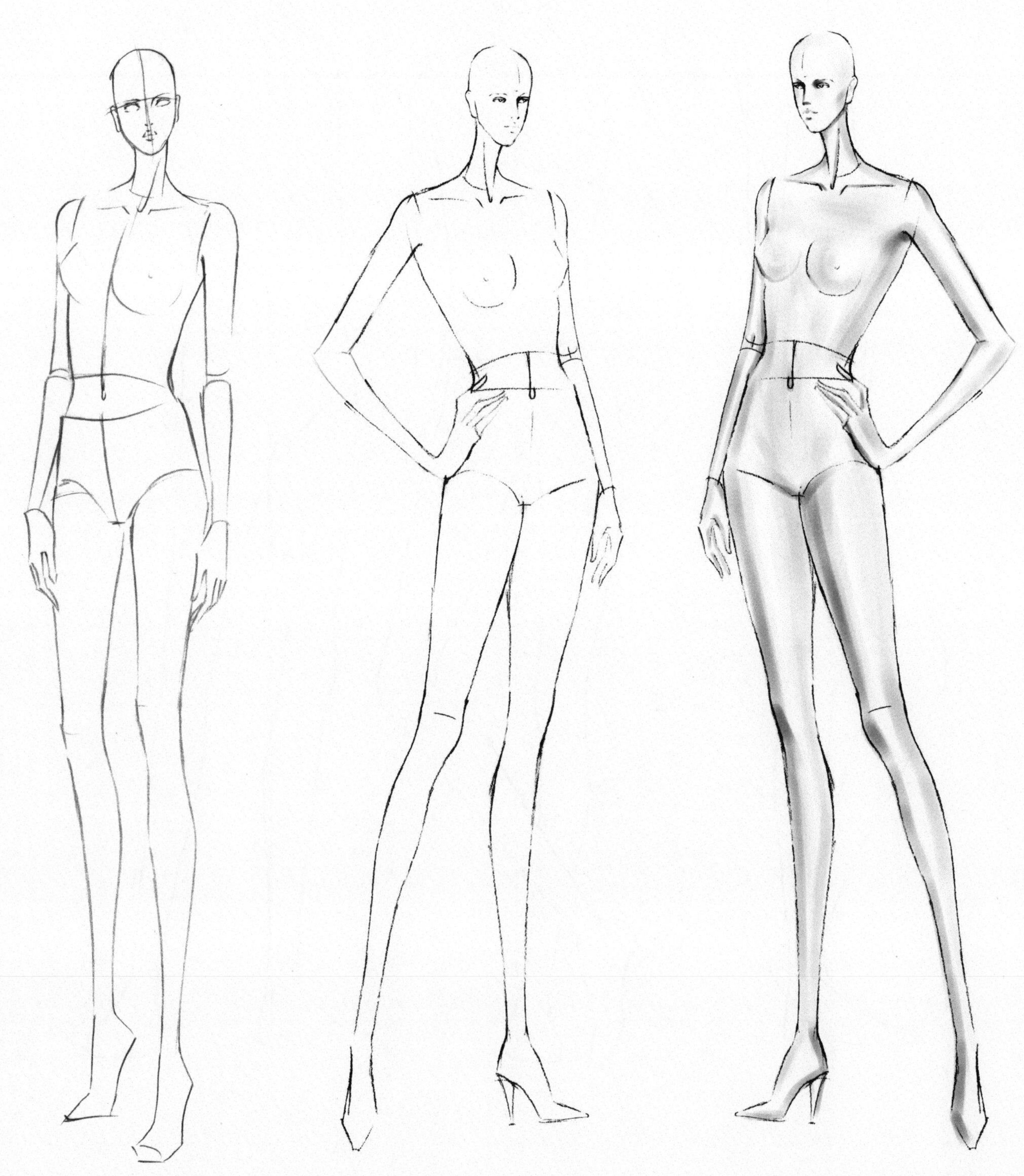

一、常用女人体动态

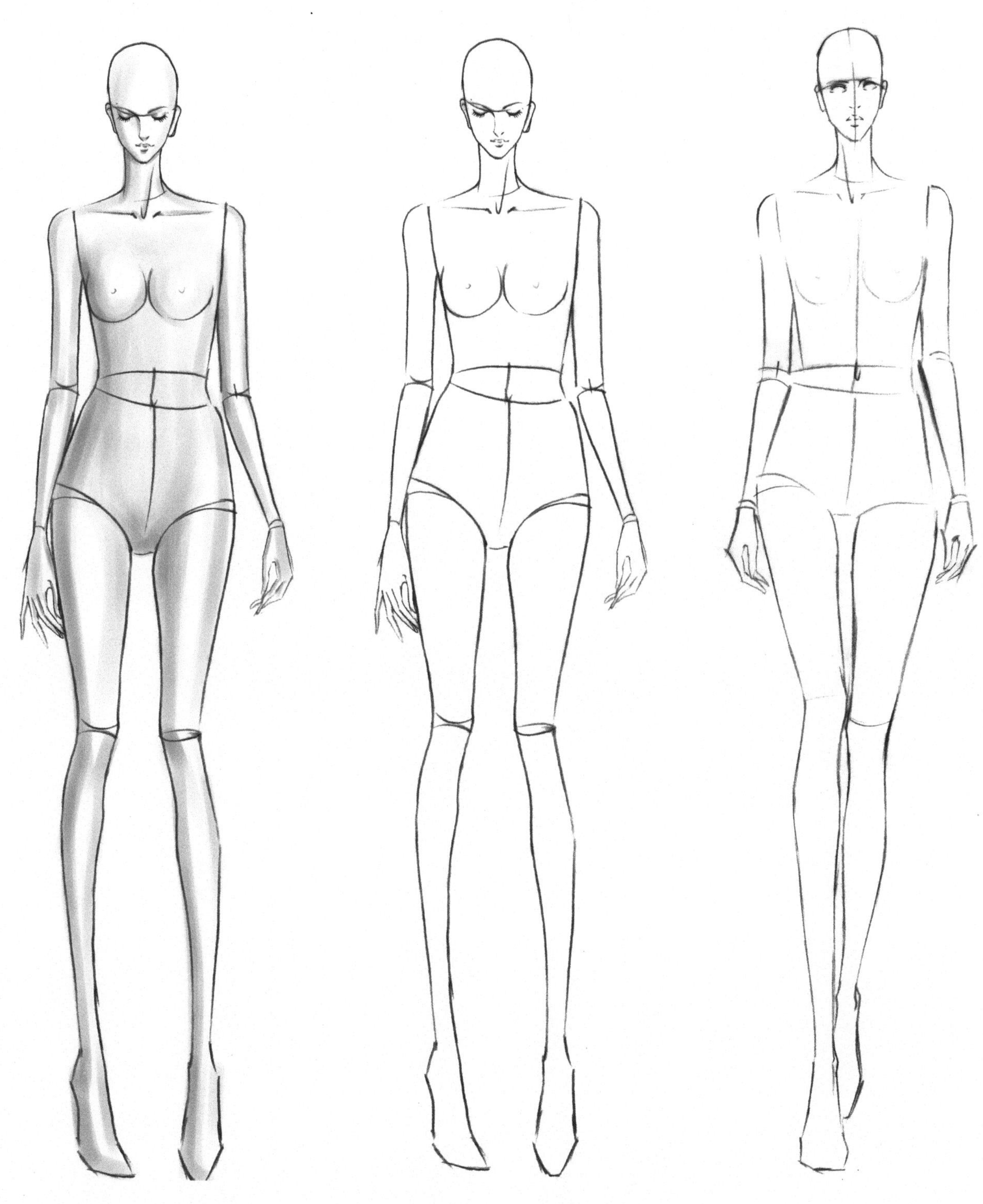

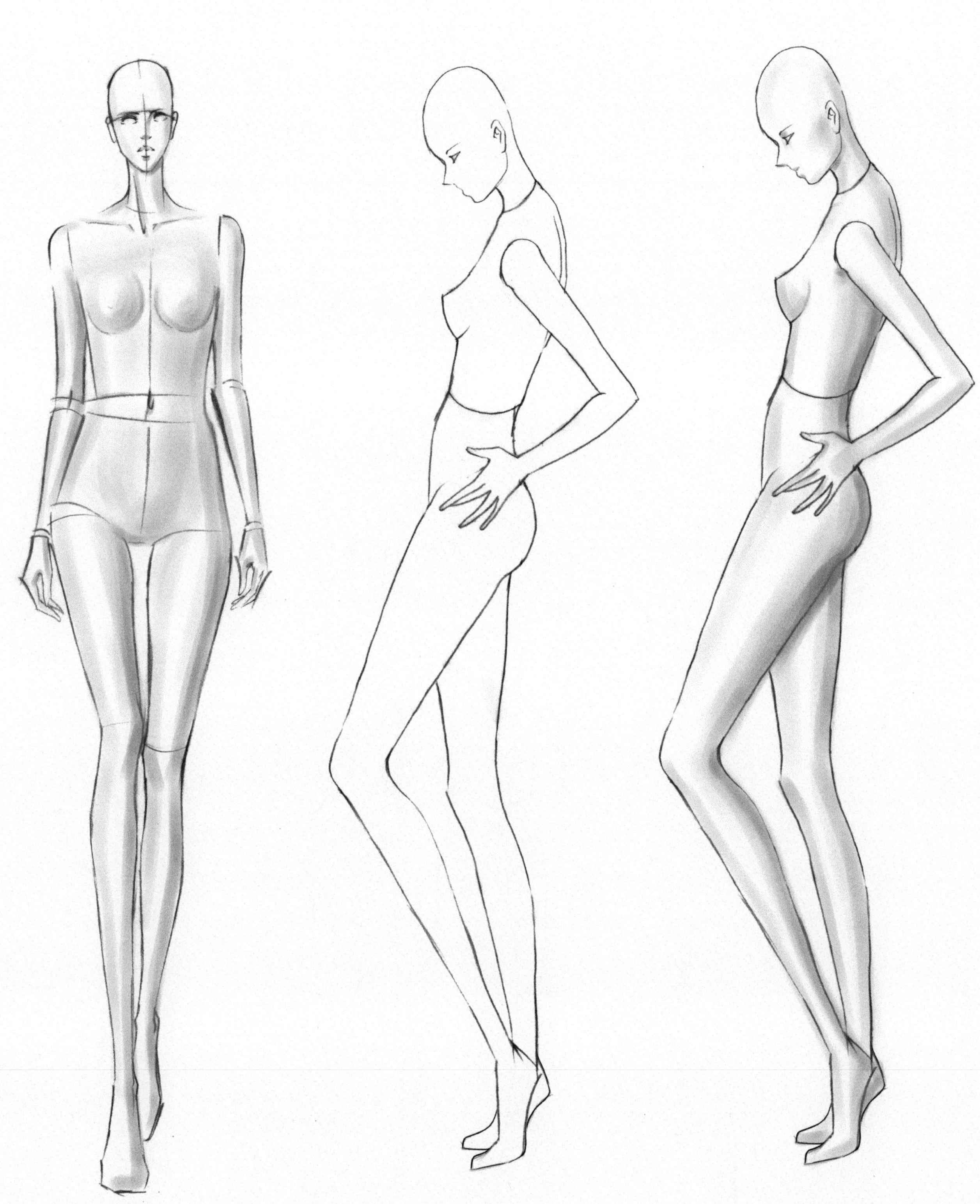

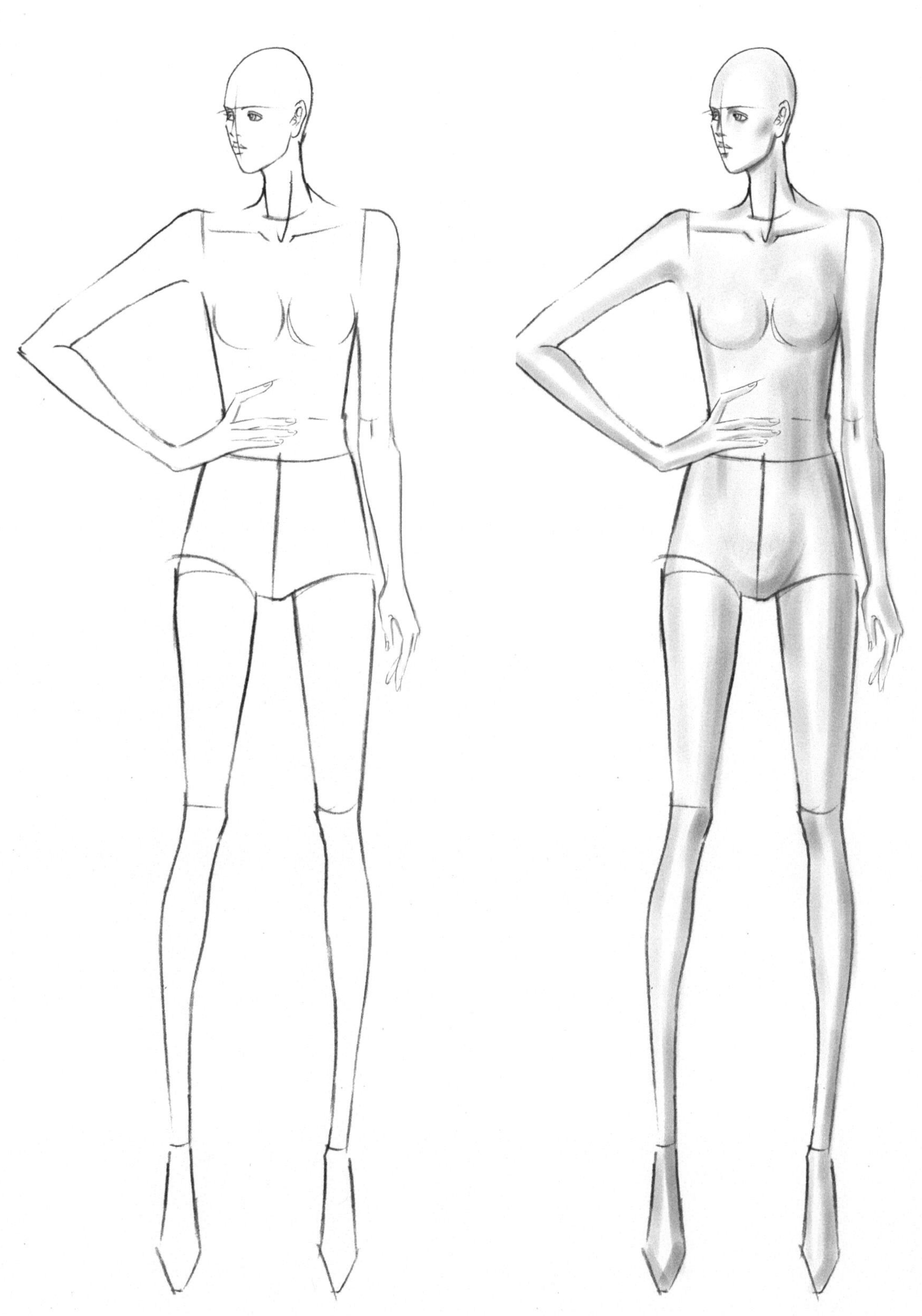

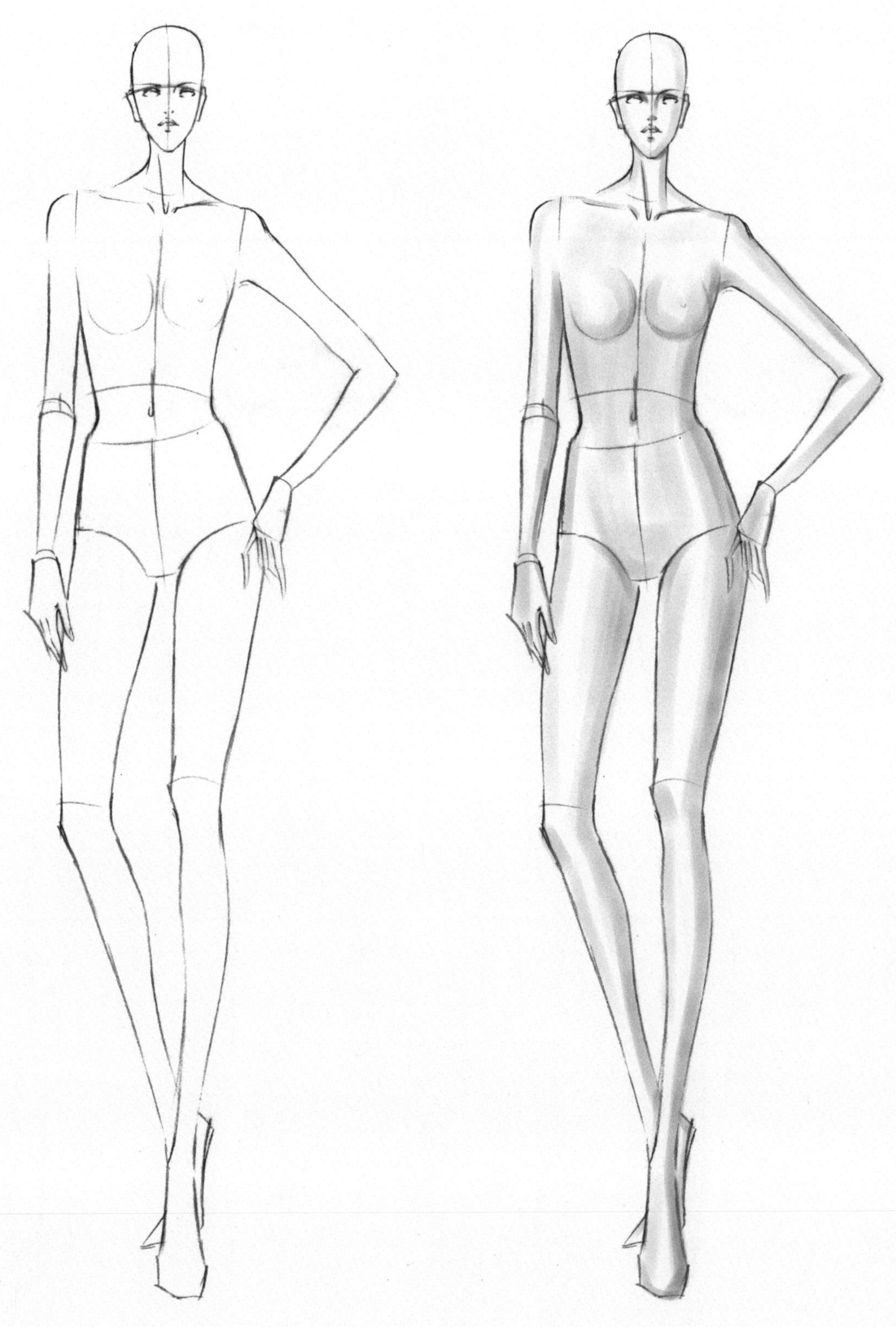

二、常用男人体动态

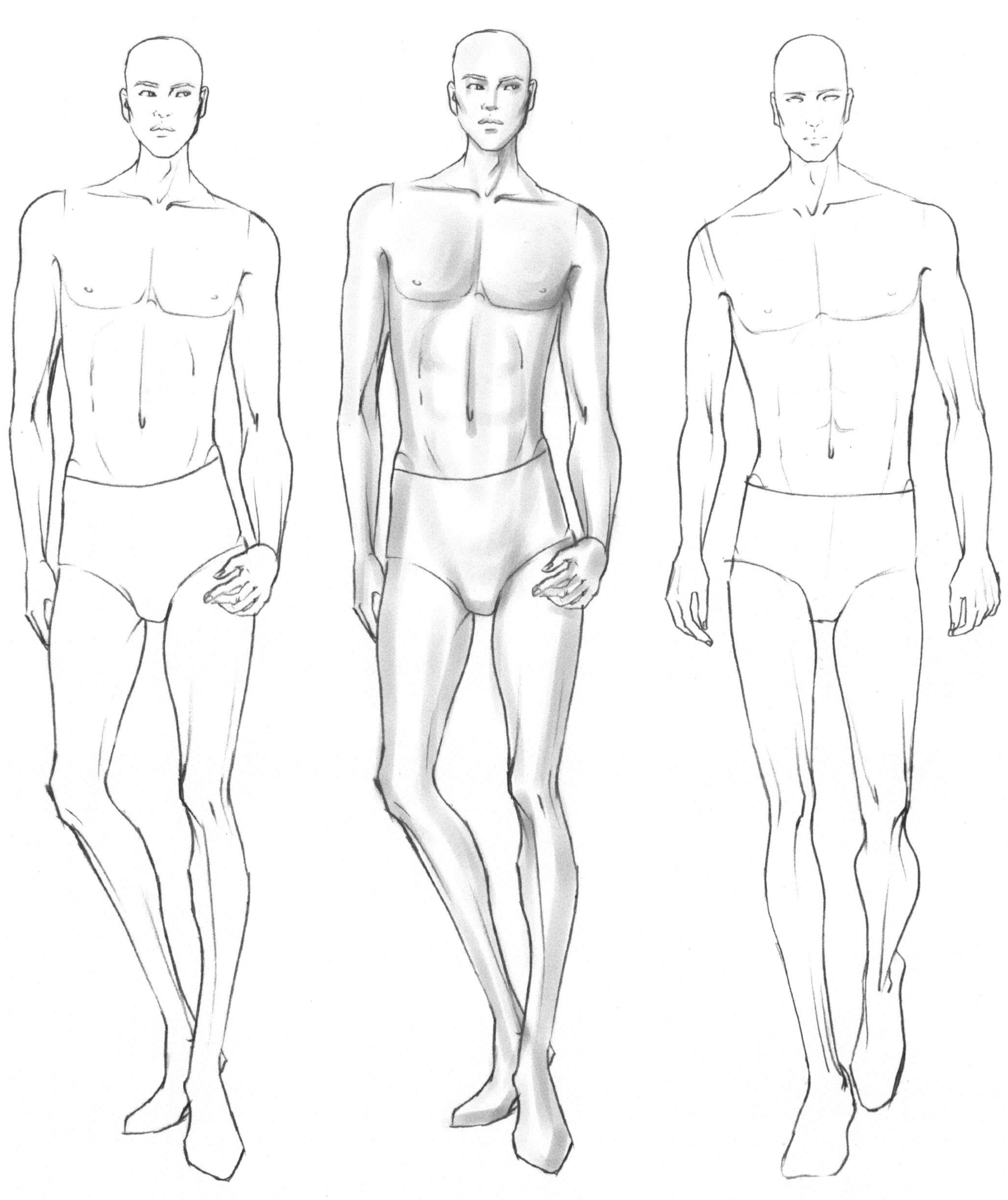

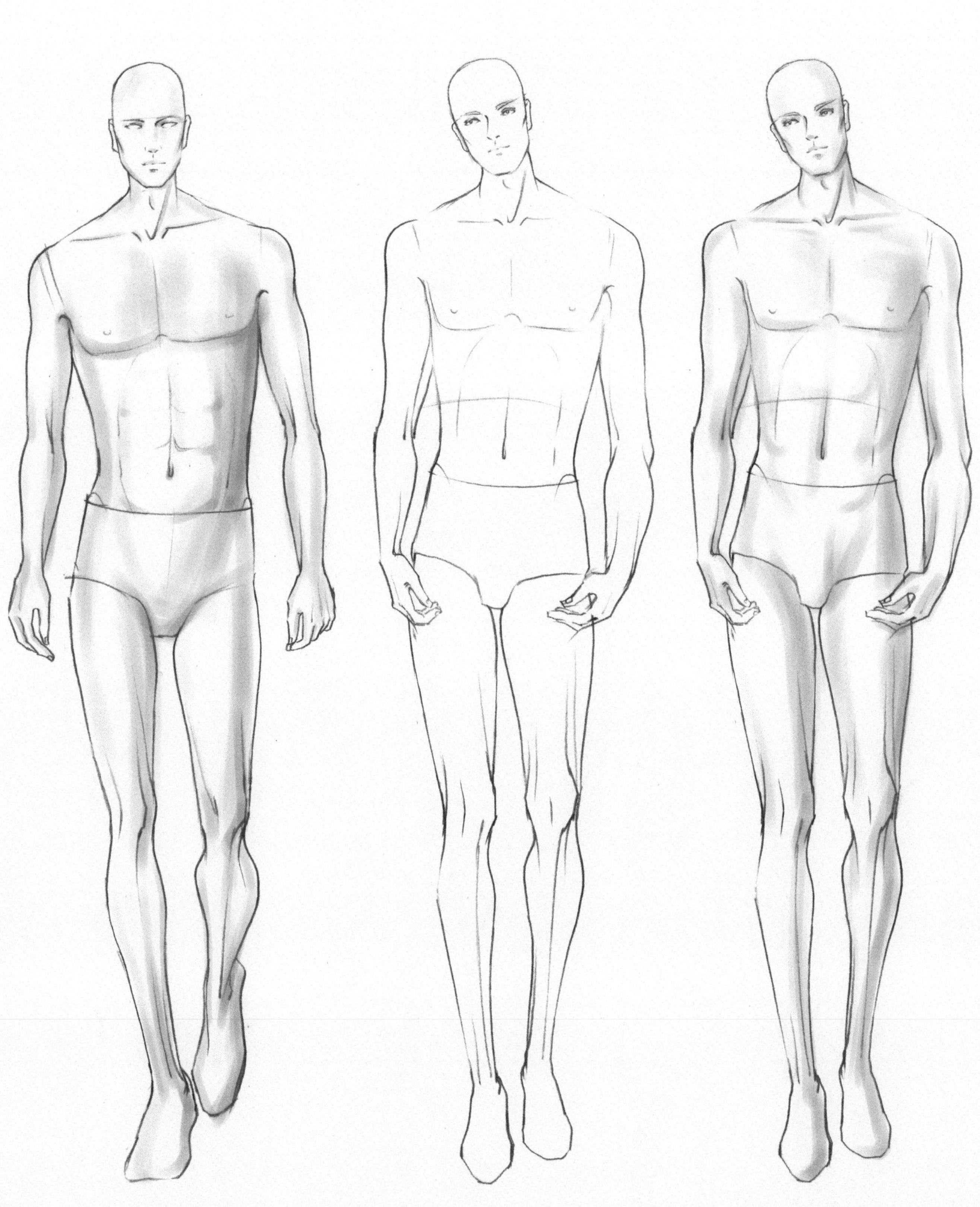

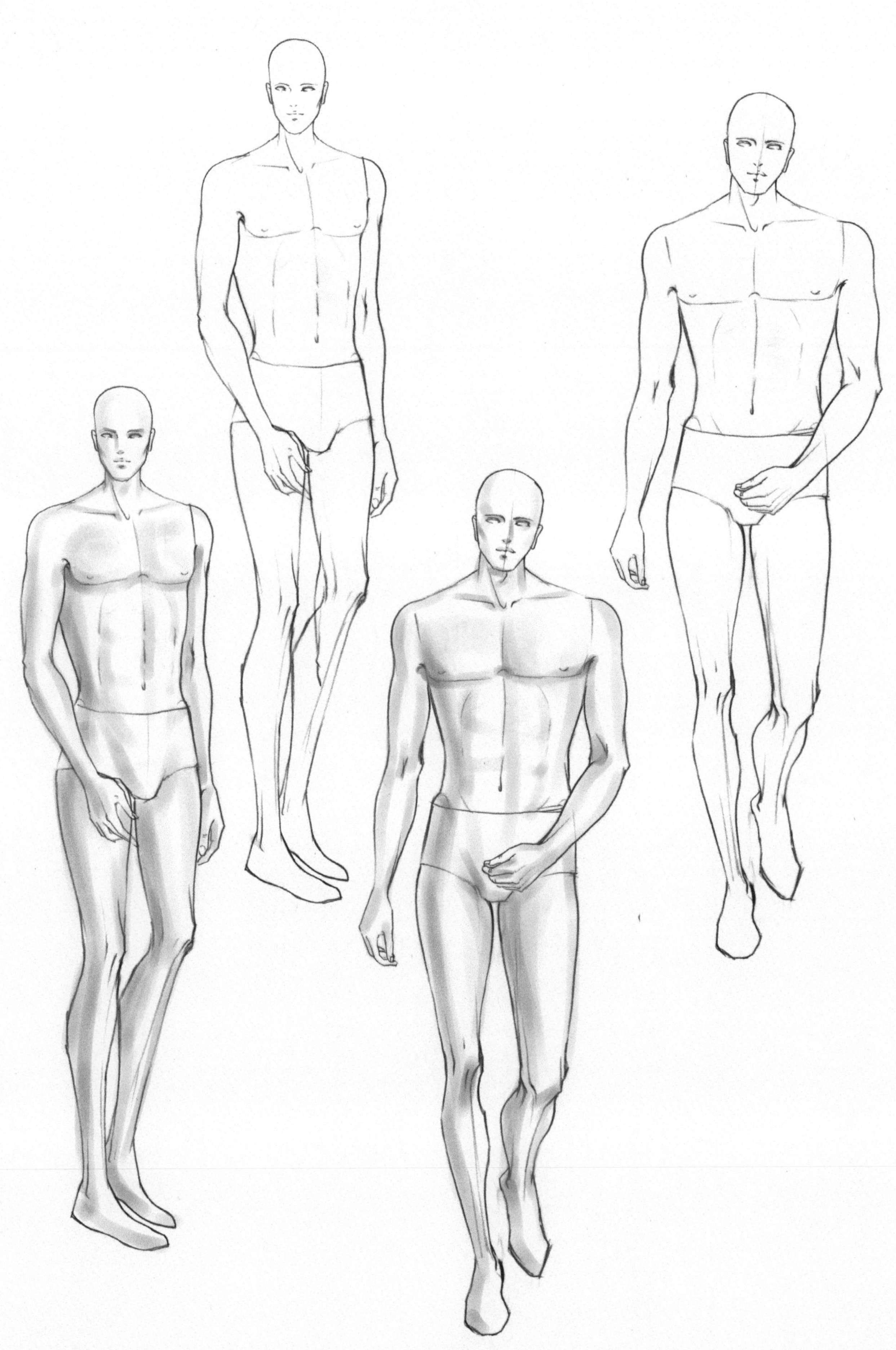

三、常用儿童人体动态

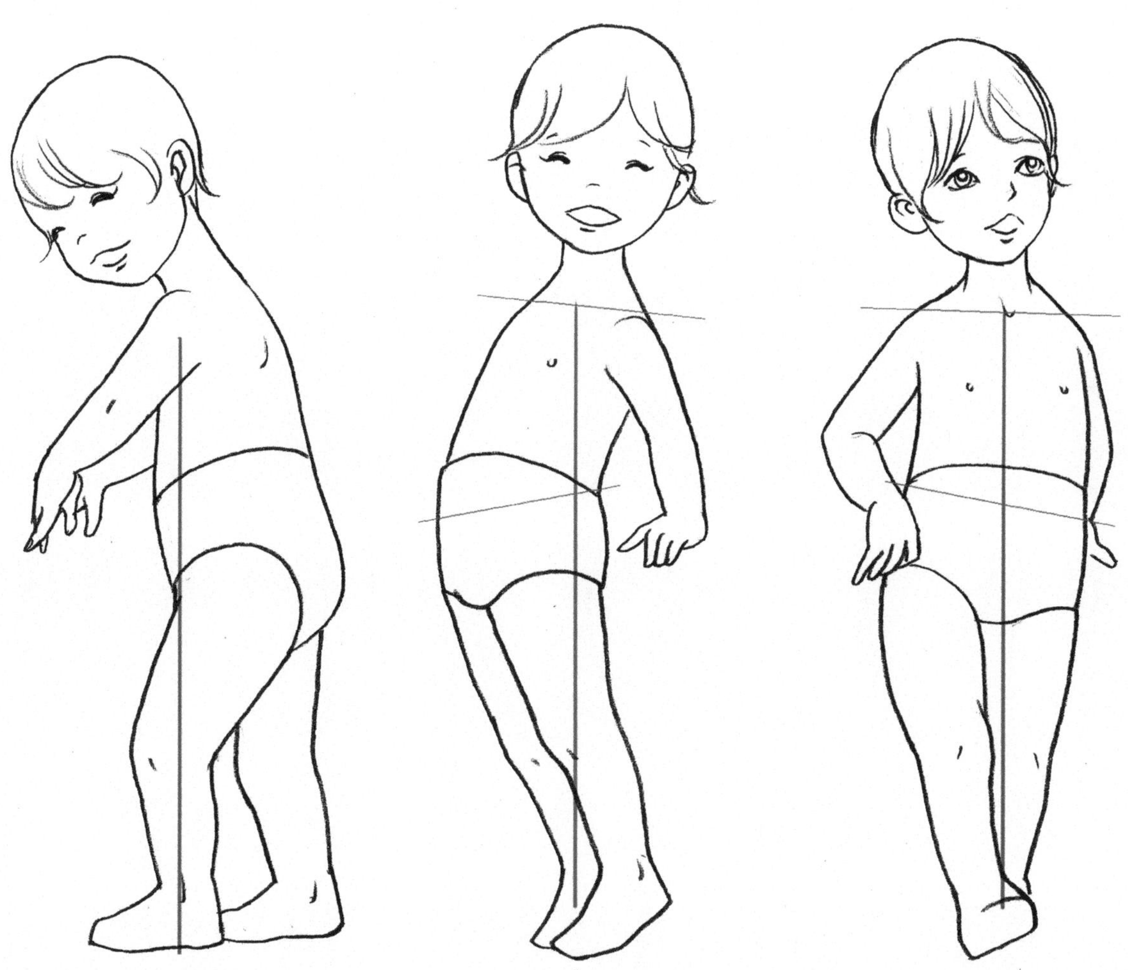

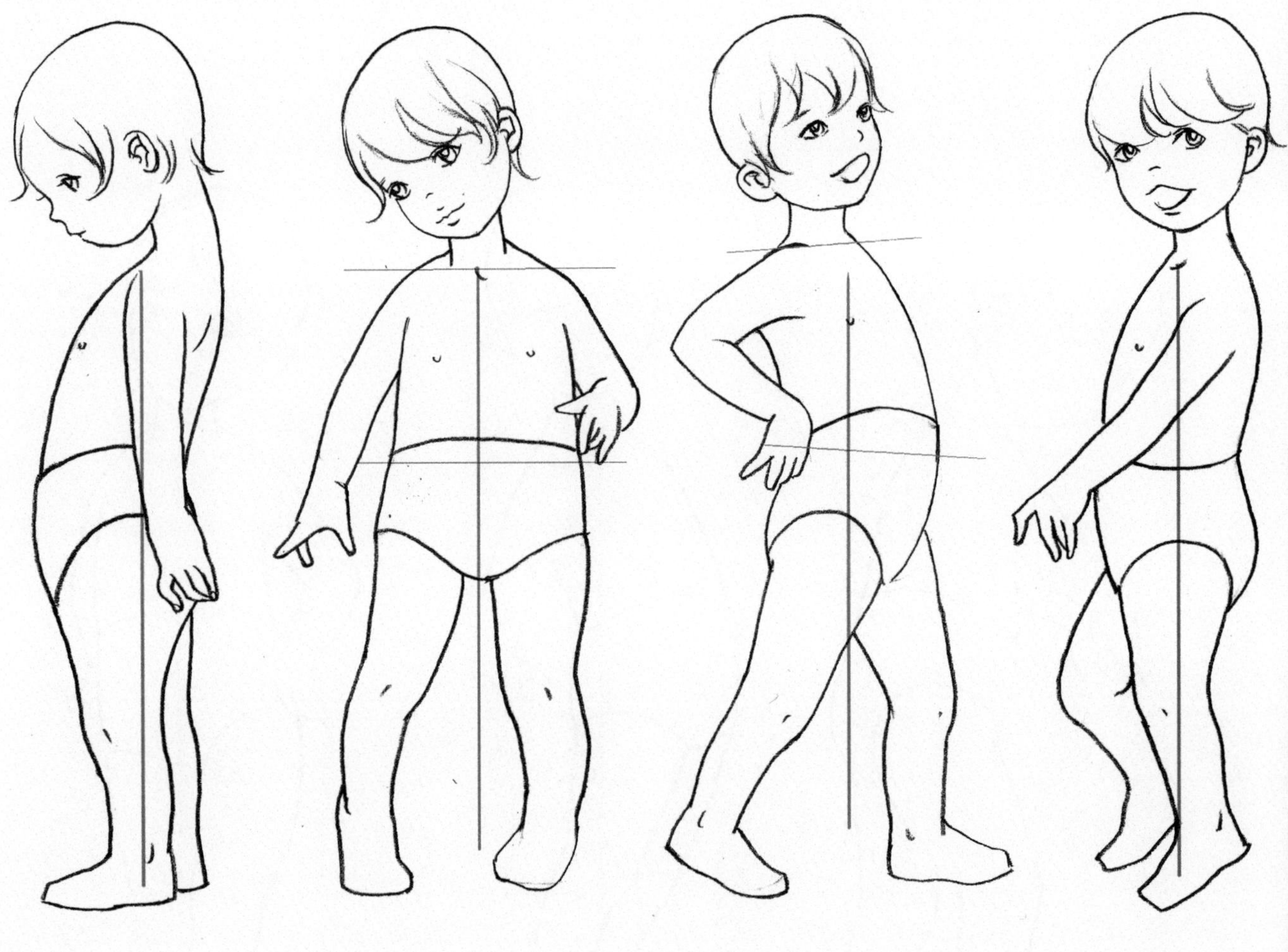

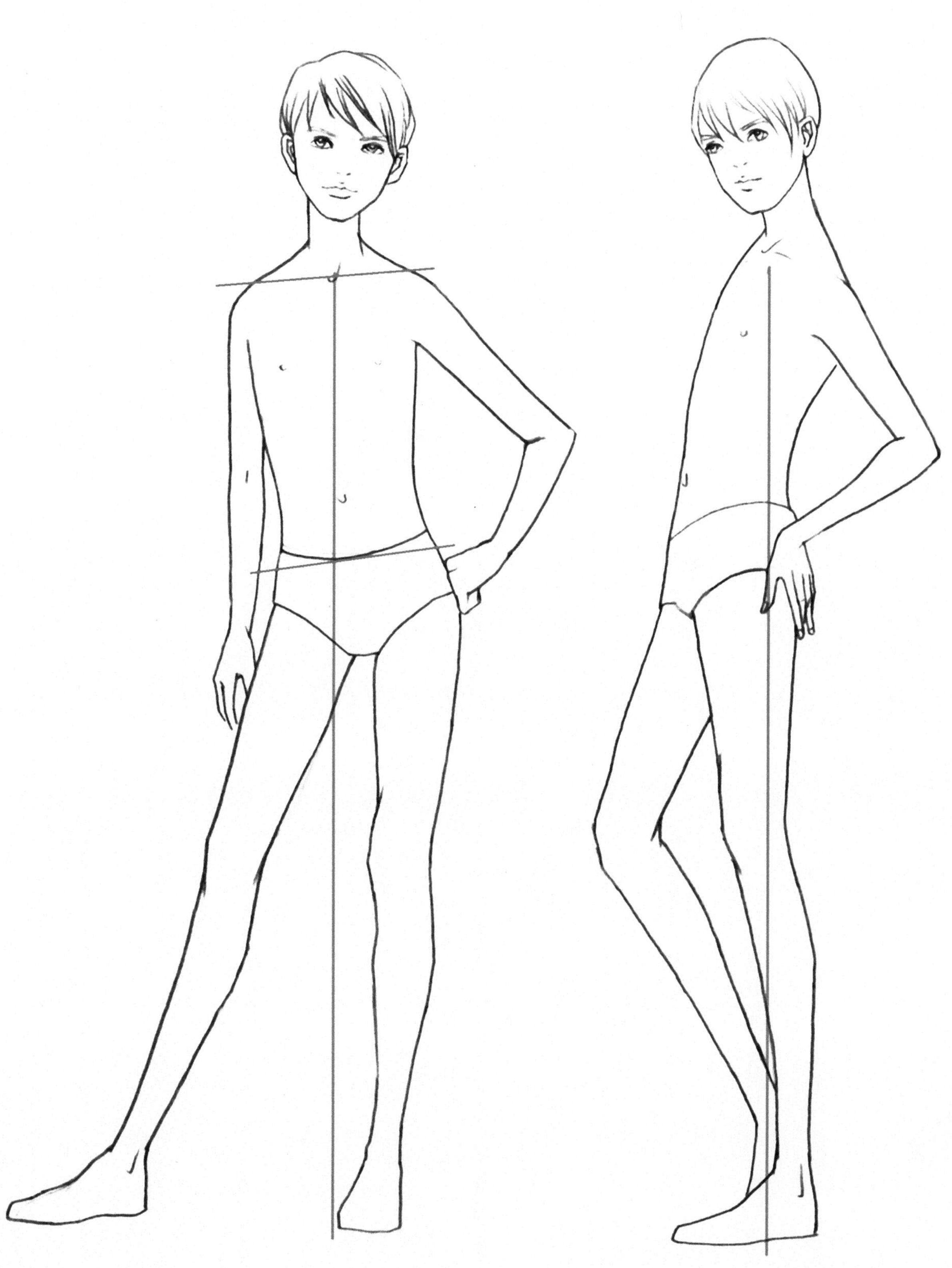

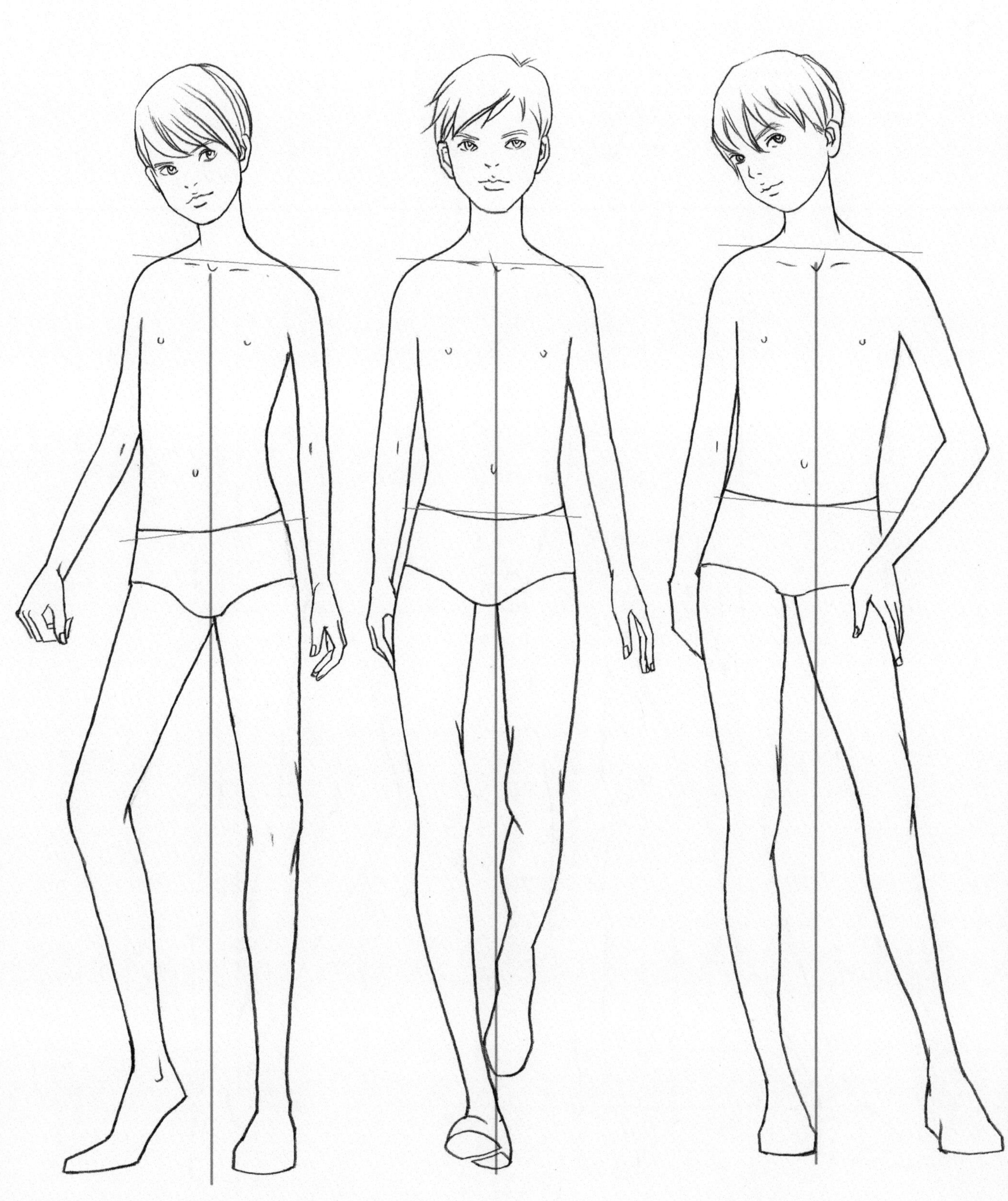

四、常用青少年人体动态

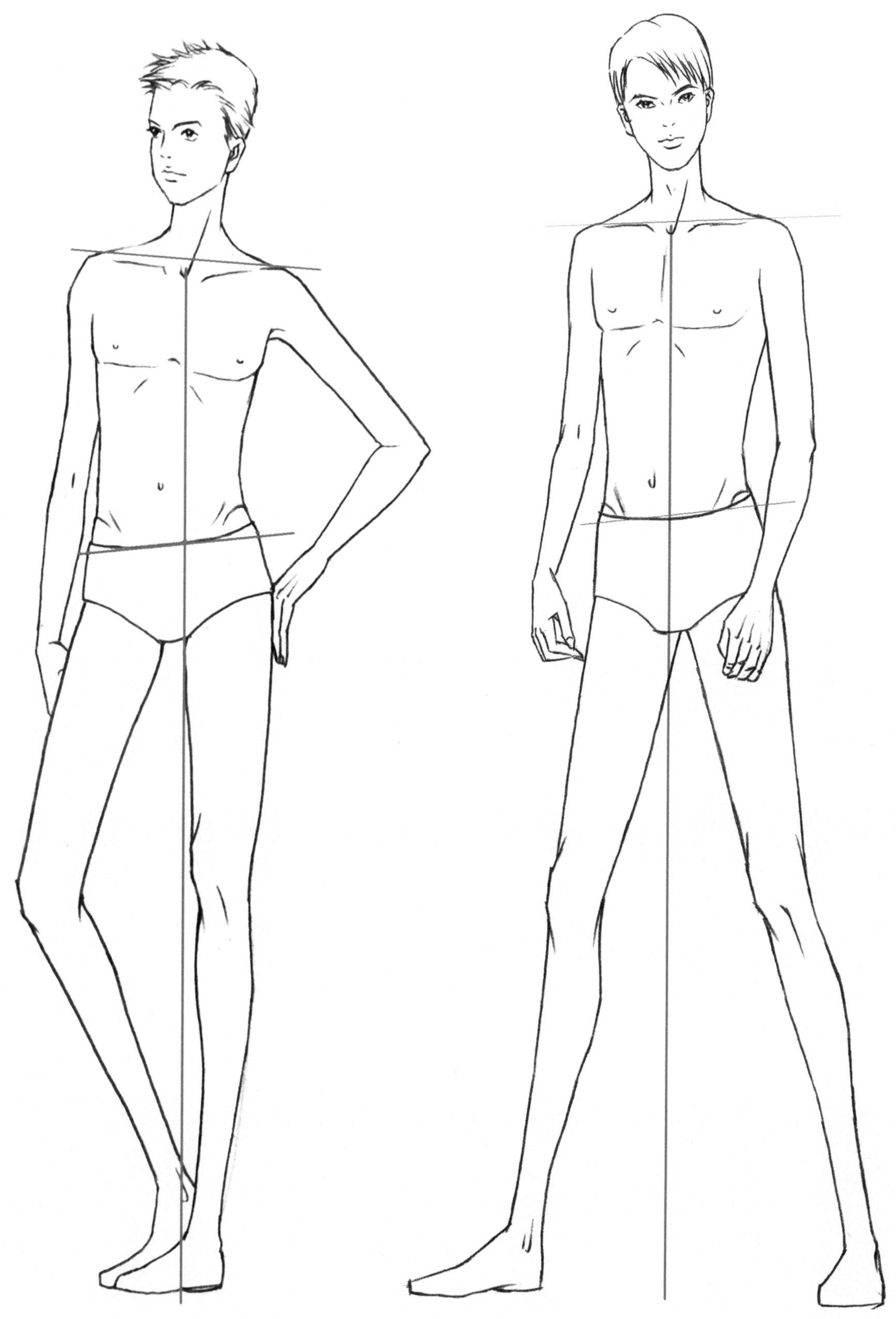

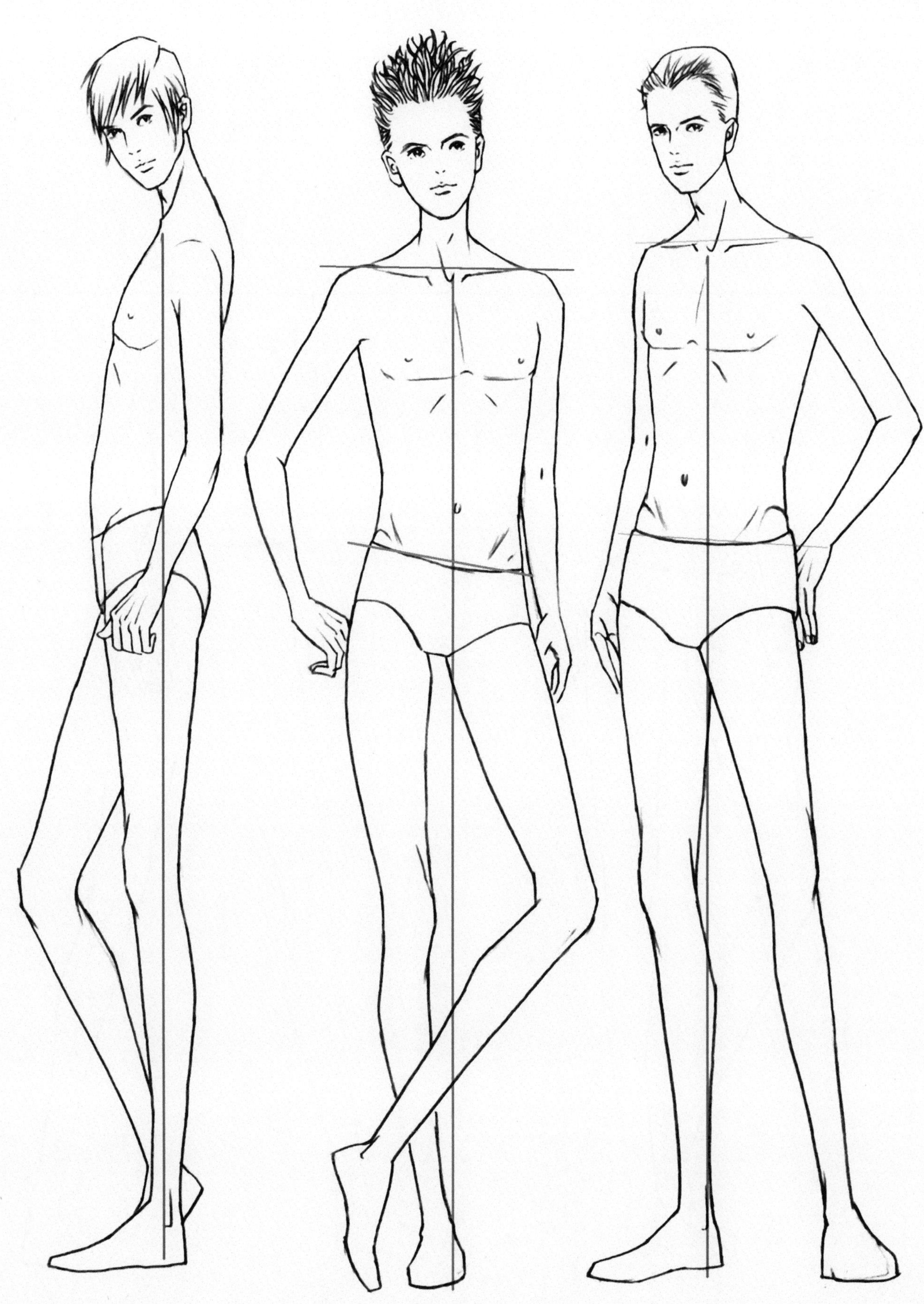

第四节　人体局部表现技法

在服装设计效果图的表现过程中，人体局部是描绘和刻划的重点之一。服装设计效果图所表现的首先是服装，但这些服装是由各具个性、风度的人物来呈现的，是由含有各种感情的人们来穿着的，要表现人物精神状态是服装设计效果图的特殊使命。

一、头部和颈部

在画头时，把头作为一个椭圆形的球体去表现，颈部画成筒状造型，这样理解头部是为了便于掌握。头与颈的动态是相互联系的，它是人体动态形成的关键部位之一。因此，在表现人物动态时，应该把头与颈联系起来进行描绘。连接头与颈动态的肌肉是颈部左右侧的肌肉。在颈部转动、仰俯、侧曲等显示不同姿态时，颈肌显出不同的变化，颈肌是颈部美感表现的重点。颈部的动态，在一定程度上体现着全身的表情。在服装设计效果图的表现中，应努力把人物表现得生动自然。但要获得这些技巧，还应该在生活中多观察多练习，同时要熟练地掌握一些最基本和常用的姿态。

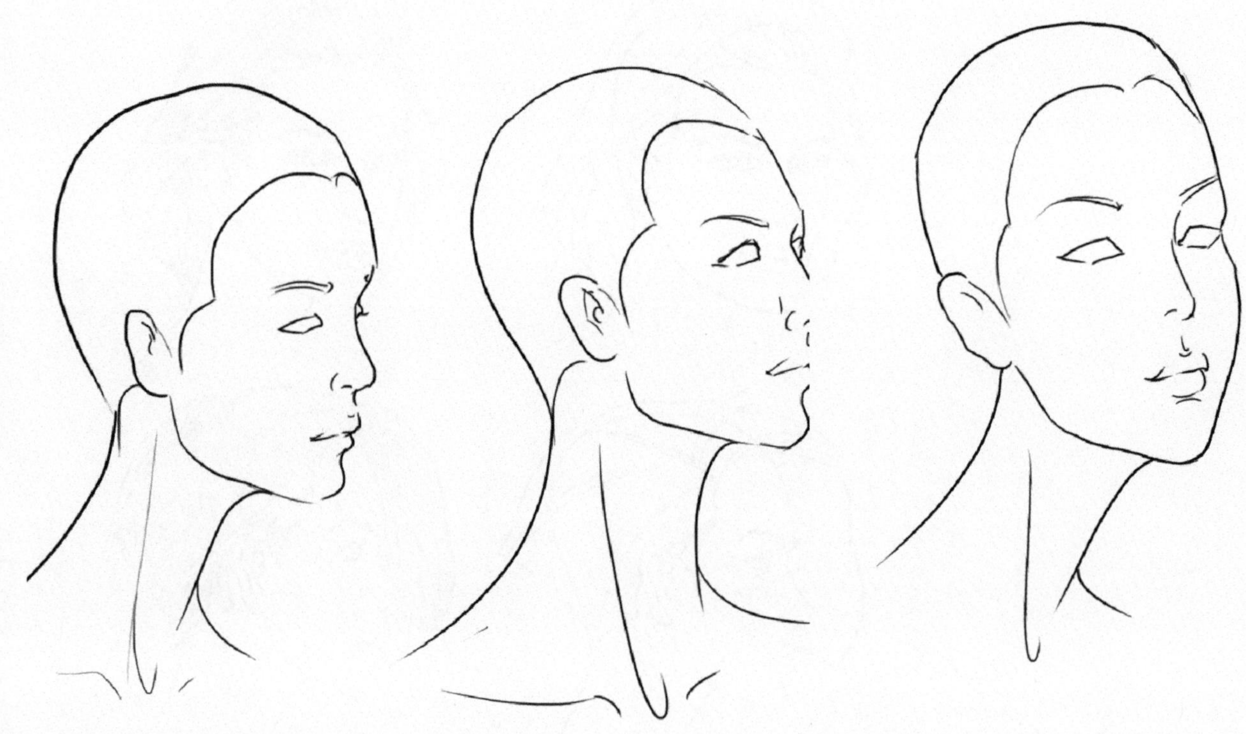

二、面部和五官

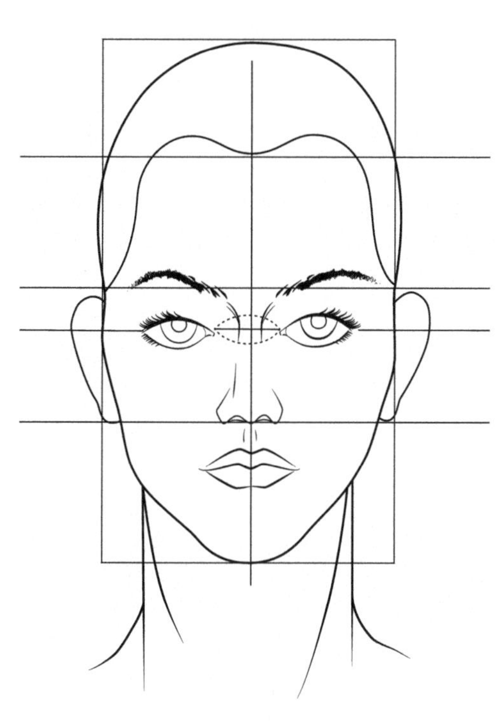

人的各种表情主要是通过面部五官来表露的，在服装设计效果图的面部绘画中，必须要掌握人物面部五官的共性美，即所画的脸能给人以美感，这就要求轮廓、比例、位置的正确，描绘出一般人所欣赏的共性美感。

面部表现，首先要掌握五官在脸上的位置和比例。五官的位置在我国早有“三停五眼”之说。所谓“三停”是指发际到眉间为一停，眉间到鼻底为又一停，鼻底到下额底再为一停。这一般是指在头部平视而非仰、俯等动作时描绘的位置比例。所谓“五眼”是指当头部平视从正面观察时，在两耳之间有五个眼睛宽度的位置。两眼之间约为一个眼睛的长度，眼梢到左右耳际约为各一个眼，加上两眼的本身即为“五眼”。嘴在鼻底到下额底部纵线的1/3处，嘴的宽度等于两眼瞳孔的距离。耳上端与眉平、下端与鼻底平。画脸的时候应注意下颚线的美观。在具体描绘时，可先画出头部轮廓，之后画头部中线，在画完中线后将头部长度分为四等份，在最上部的一份为发际到头顶的位置，其余三份即为“三停”的位置，这样可方便地画出眼、鼻、口、耳、眉五官的正确位置，同时要注意由于头部动态而使五官产生的透视变化。

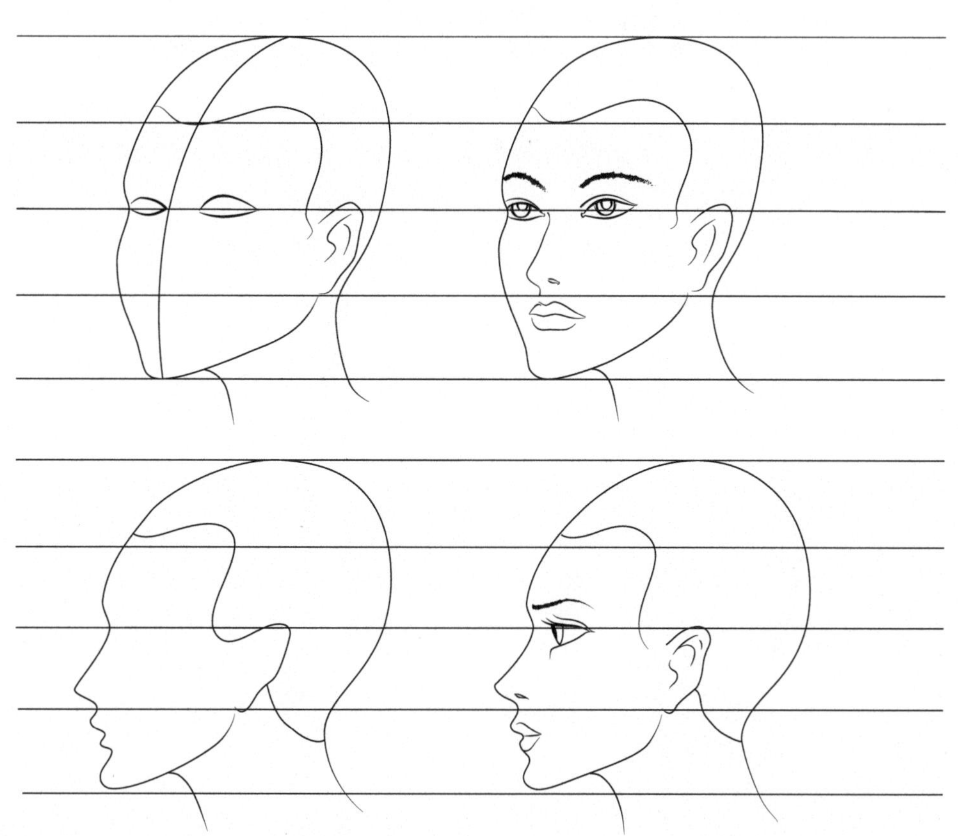

1. 眉与眼

正确掌握眉毛与眼睛的比例和位置，把各种眉毛和眼睛的神韵表现出来。描绘眉毛和眼睛时要注意以下几个方面。

(1) 在画眼睛之前要先画眉毛。要注意眉和眼的相互关系和表情的一致。画时应注意眉毛生长势态和位置，眉毛在眉头部有少量短眉，先是向眉心生长，而后向外上移，到眉梢的位置，部分斜向外下方画出眉毛轮廓线，注意斜角的变化。眉毛的类型有一字眉、柳叶眉、剑眉、八字眉等，表现时应注意人物的内在情绪。

(2) 在眉毛下方的适当位置画出眼睛的外轮廓形，眼睛外轮廓造型种类有橄榄形、海豚形、杏核形、凤眼形等。眼睛的表达比较丰富，可根据需要进行表现。

(3) 眼睛的外轮廓确定后，画眼球，画两个同心圆，内圆为瞳孔。

(4) 加深眼睑线，产生眼影，使其有深度，随着头部的运动，眼睛的形状会产生透视变化。

(5) 从整体上讲，整个眼呈圆球形。睫毛生长在上下眼皮的边缘，上部眼睫毛略长于下部眼睫毛。

男性和女性的眉毛、眼睛和眼睫毛均有区别，描绘时女性眼睛略大于男性，眉毛细长成弧线形，女性睫毛可强调和加长。男性眼睛略小于女性并且有一定棱角，眉毛精浓，睫毛短而疏。

儿童眼睛大而圆，晶莹富有湿润感，眉毛不宜太浓，睫毛可略长，可表现出天真稚气的可爱形象。

眼睛的表现最重要的是神情的表达，为了传神，眼睛在描绘时要特别注意防止平均、呆板地刻画，应充分利用松紧、虚实、夸张的手法强调重点、减弱次要部分和多余细节。

2. 鼻

鼻子是面部最突出的部位，占据脸的中央位置，呈垂直状，所以鼻子要画直。鼻子一般不显示表情变化。它由鼻骨和鼻肌肉构成，鼻梁应适当弯曲，鼻翼不宜画得宽大，要注意鼻子的立体造型美感并需要左右对称。女性的鼻子应画得瘦而小些，鼻头凸出尖、圆、曲，以表现其清秀、温柔的美感，在某种程度上可以简化。男性应表现其鼻梁中部的鼻骨略要凸起，整个鼻子在面部的比例略大于女性。儿童鼻梁较短，鼻头略向上翘。

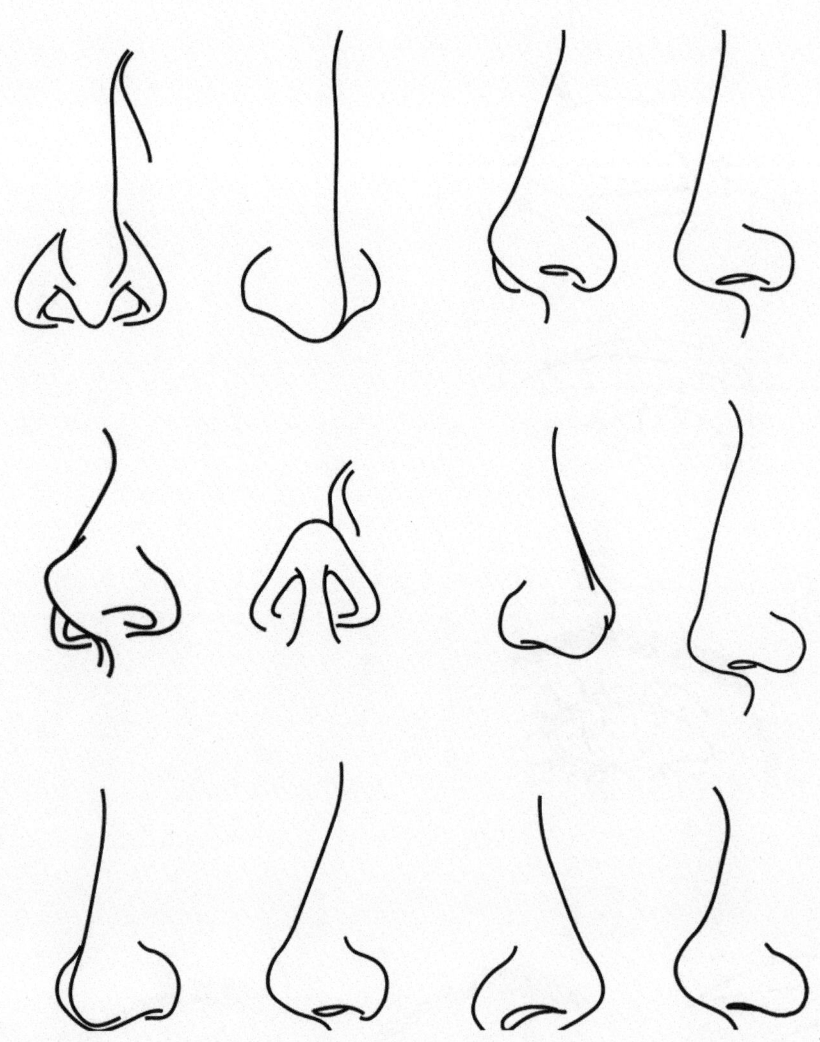

3. 嘴

嘴是富于表情的器官。女性对嘴的修饰十分重视，无论用色还是对嘴形都很讲究。在服装设计效果图中，各种不同的嘴唇能增加画面的感染力。

嘴唇富有魅力和情感，如厚唇能表现热情温柔，薄唇能表现理智等。画嘴唇时可让嘴角略向上，表现轻浅的微笑。

人们的情绪往往通过眼、眉和嘴之间相互协调的动态而表现出来，画嘴时应注意嘴部外形的形态美，其基本形状是上唇呈波谷状，下唇呈弧线形。嘴唇张开可见到牙齿，在描绘时应注意含蓄、整体，概括地表现，不宜将牙齿画得过于具体清晰，应注意由于头部转动会产生嘴的透视变化。

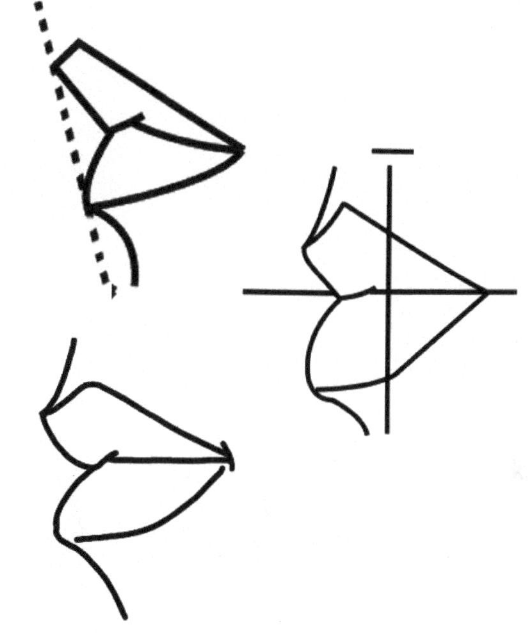

画唇必须注意以下几个方面。

（1）一般下唇比上唇厚。

（2）上下唇之间的线可画得粗一些，以表现唇的立体感。

（3）女性嘴不宜过宽，但上、下唇要圆润。

（4）男性嘴唇略厚于女性，带有棱角，不像女性的嘴唇那样圆润。

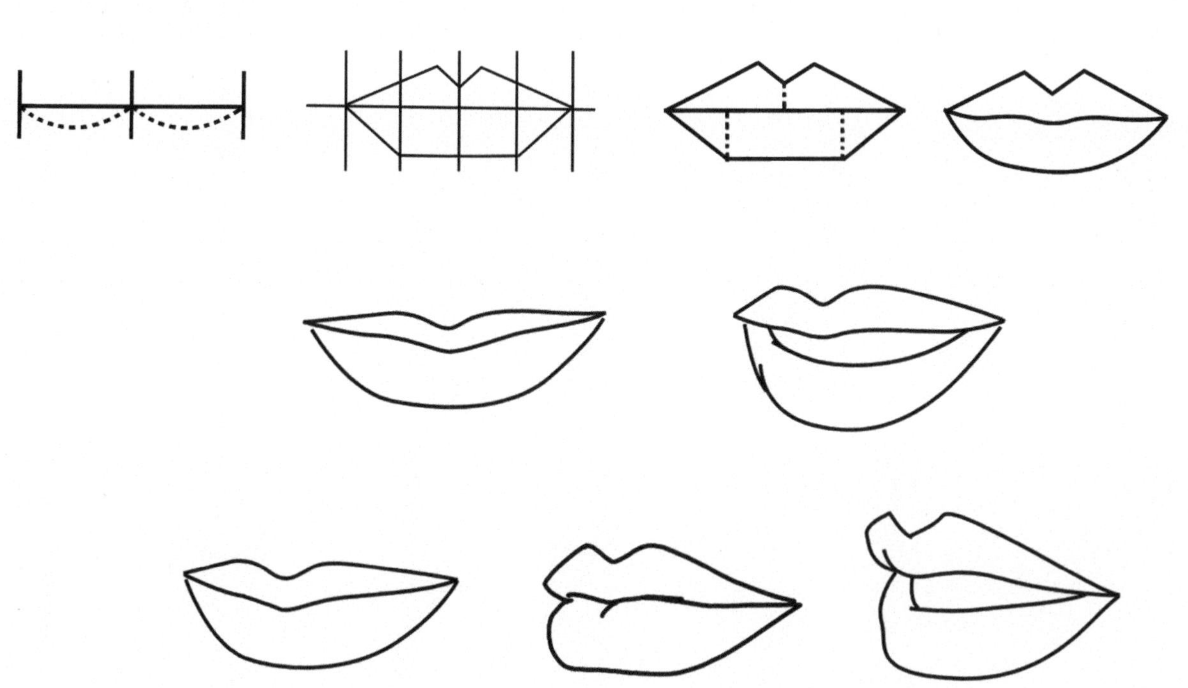

4. 耳

耳对于人的表情没有多大影响，耳常被头发覆盖，最容易被人忽视，但稍不留意就会破坏整个画面。

画耳朵首先要注意其在脸部的位置。当画侧面的头部时，耳在头部中央稍偏后方。儿童的耳朵位置略低于成年人，要注意耳朵的结构，整个耳朵略呈半圆形，分上下两部分，上部称耳廓，下部称耳垂。上下两部形成相应的曲线变化。画耳要与面部五官的大小位置相一致，正确的大小位置在上眼皮与鼻底线之间的高度，呈半圆形，耳垂应显得圆润，耳廓贴靠头颅。画鼻和耳要注意它们的外形和它们在头部的位置，以及随头部运动产生的透视变化。

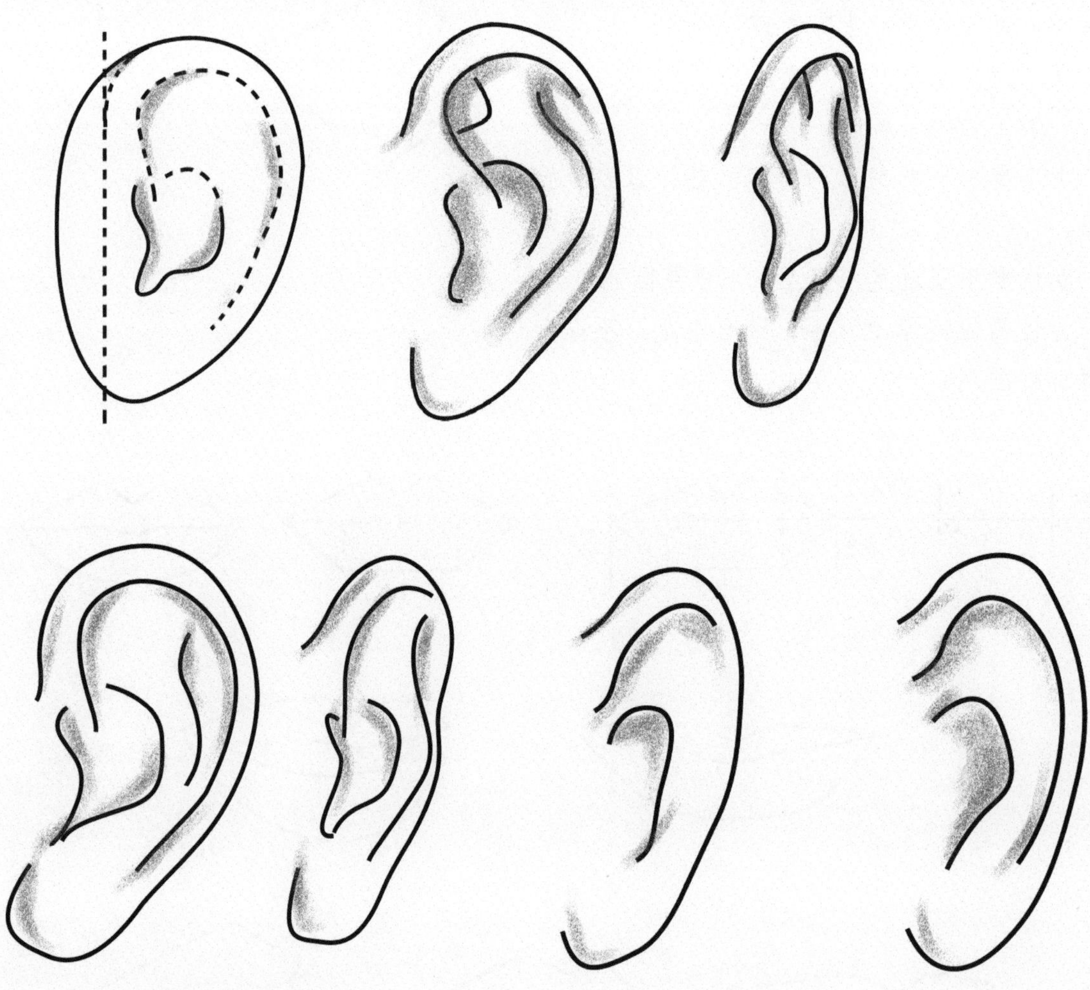

三、发型

发型是服装设计效果图的一个重要组成部分，发型应与人体服饰的整体相谐调。发型的设计和描绘应与服装的设计与表现统一起来。人们自古以来就注重对头发的修饰。头发处在惹人注目的位置，它的形状、色彩无不影响着人的整个面貌，对于头发的描绘自然成为服装设计效果图的一个重要内容。发型还应和人的个性、气质等相一致。它和服装款式相互依赖，相互衬托，服装由于有合适发型的相衬而得到更为完美的效果。发型的描绘首先应掌握其特点，强调其基本特征，重视外形的美感和头发的主要结构走向，一般均用细而长的流畅笔触来表现女性的长发。线条的疏密要排列得当，要注意分析和领会服装及发型的特有情调，采用不同的表现方法。努力表达出该款式所特有的情调和风格。

画头发的步骤如下。

(1) 画你想要的发型，表现头发的外轮廓。

(2) 画出头发的结构特征，如直发、卷曲发、长发、短发等不同造型的结构关系。

(3) 画出头发更多的细节，可以用颜色和留白来表现头发明暗的立体感和高光。

(4) 头发的结构可以自己根据需要设计，头发的颜色可以任意选择。

四、男性与女性面部五官及颈部的差异

1. 脸型

男子和女子脸部有着两性间的差别。男子的面部轮廓比女子的面部要硬，是长方形；下巴轮廓比女性的清晰，面颊方硬。女性的面部比男性的要圆润，结构不如男性清晰，一般为椭圆形。

2. 眉毛

男性与女性的眉毛是有明显区别的。一般男性眉毛给人的印象是相对浓黑、粗短、挺直。女性眉毛通常是细长、弯弯，变化较多。

3. 眼睛

男性和女性的眼睛在表现上也有一定差异。男性的眼睛不宜过大，廓形有棱角，眉毛较浓重。女性利用化妆品使她们的眼睛显得更大，眼睫毛加长。在表现上，男性的笔触可以粗犷豪放一些，女性要进行一些化妆，一般都要仔细刻画。

4. 嘴

男性的嘴要比女性略宽厚。女性嘴部不宜过宽，唇较男性丰润，颜色可变，刻画要仔细，尤其女性嘴上的纹理与光感。

5. 鼻子

男性的鼻子一般比女性的要略宽大一点，鼻骨比较明显，挺括。女性的鼻子比男性的要小、巧、尖、圆。在正侧面观察就会发现，男性的鼻子挺直、硬，女性的鼻子也比较挺，但带有一点向内的弧度，鼻头比较尖、圆、翘，鼻翼小巧。

6. 耳朵

男性与女性基本相同。在服装设计效果图上，女性耳朵的部位经常被头发遮盖，但有耳环等饰品。男性就不同了，基本上在效果图上都要对耳朵进行描绘。

7. 颈部

男性颈部要比女性的短、粗。女性的颈部细长，颈部动态很多。男性的颈部要挺阔，有喉结，颈肌要发达，这样才能比较好的体现男性化特征。

服装设计效果图人体的脸部表现恰当，能使整个服装设计效果图产生舒适的美感，并能提供服装设计所针对的特定年龄、典型人物及顾客的意图和着装效果，从而产生舒适、时尚的美感。

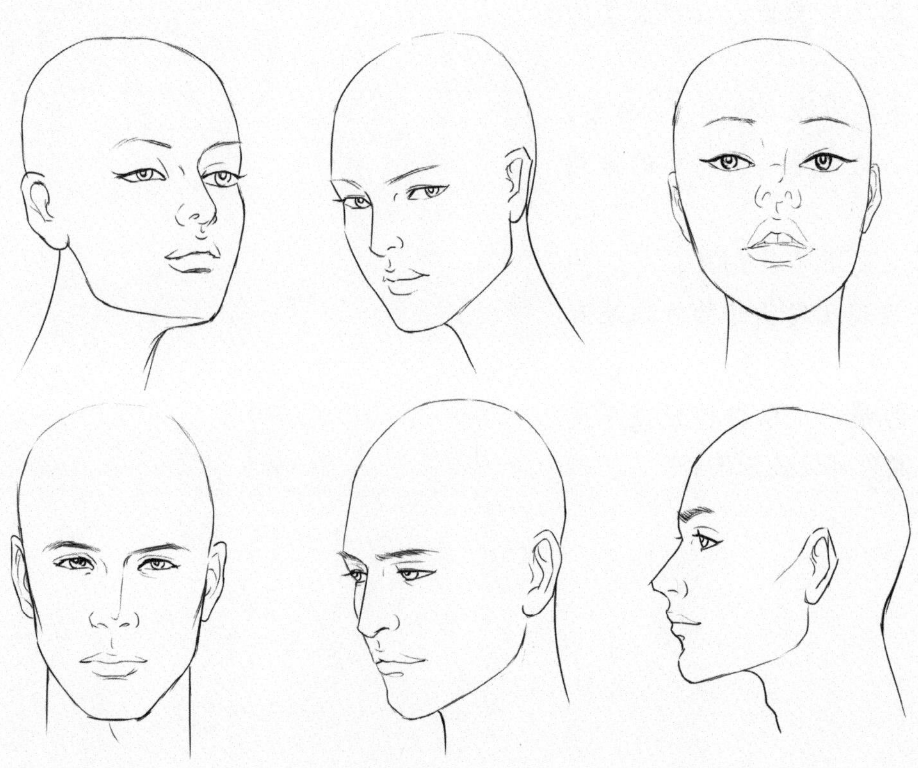

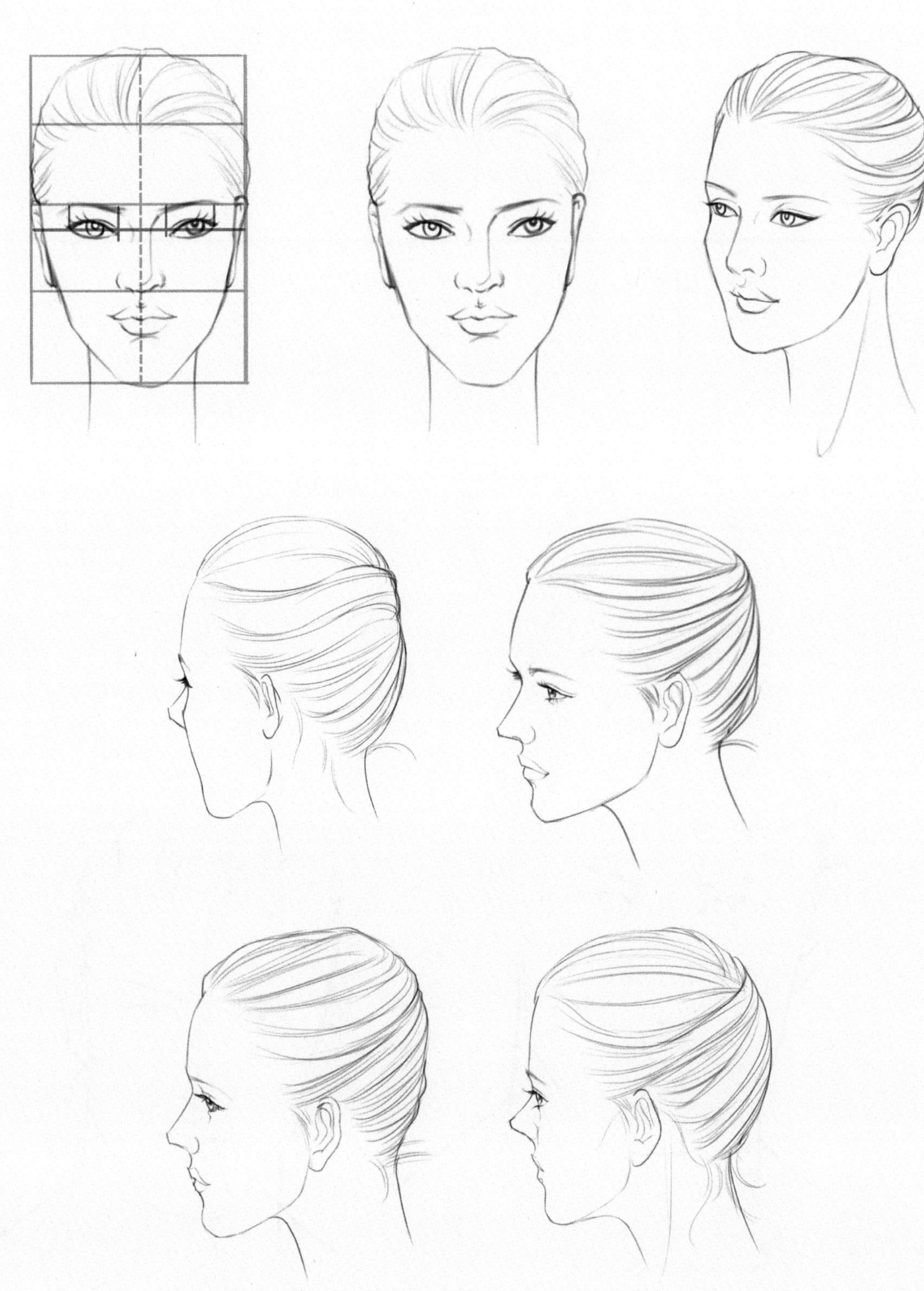

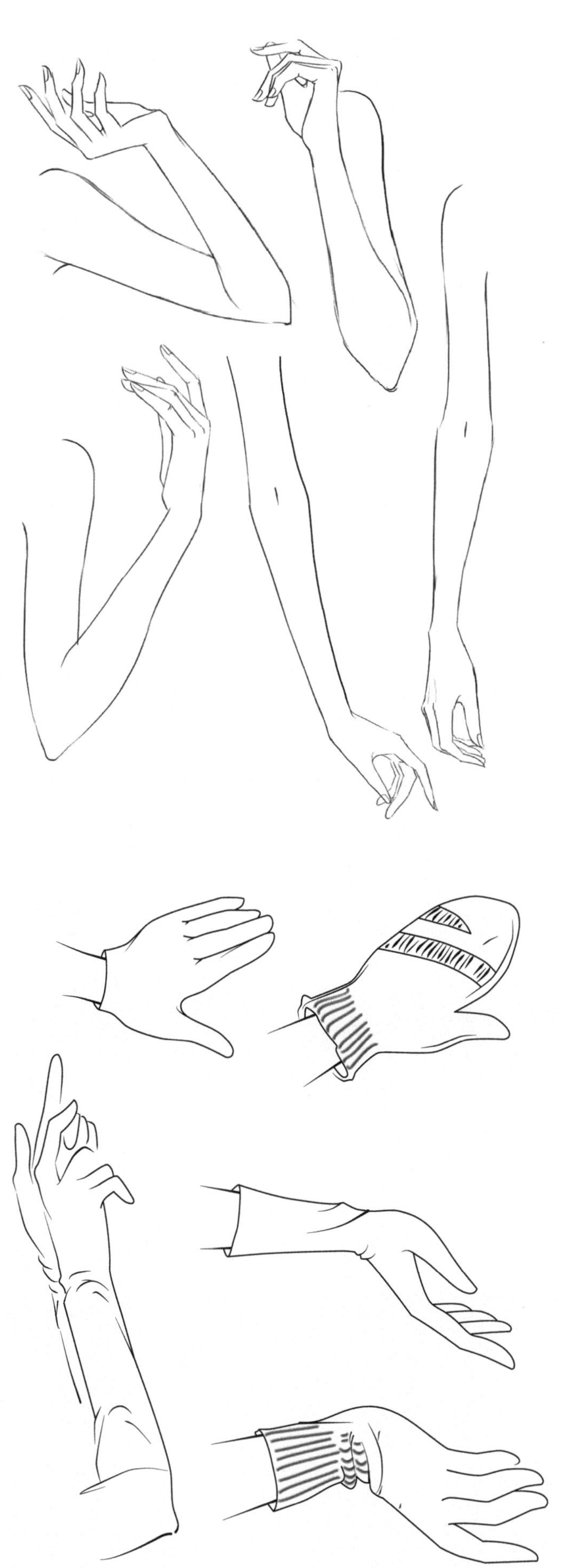

五、手及手臂

在服装设计效果图中，手常被一般人忽略，许多服装设计效果图中的手不是画得比例不对就是结构错误，这些都是对手的了解不够所造成的。手不仅是运动器官，还是感觉器官，人的内心情绪在很多情况下是通过手的姿势或动作而表现出来的。

1. 手

手由手掌及手指组成。手掌似扇形，由许多较小骨骼组成。手指由三节骨骼构成，形似管状，能伸能屈，能表现出很多优雅的手势。

女性的手纤长而柔软，手指能传达感情和体现美感，可用流畅而轻快的线条来表现。男性的手能传达出坚定有力的感觉，可用棱角鲜明的直线表现。

服装效设计果图中女性的手是纤细而优雅的，通常是在正常手形的基础上经过适度的夸张而完成的，不要把手画得太小，手指要细长些。

手的基本画法步骤如下。

(1) 轻轻地画出你所选择的手势的基本形态。手指和手掌的长度大约相等。

(2) 画出最突出显露的手指。

(3) 修改并且加上其他手指。

(4) 最后完成，但不要太夸张。

男性的手比女性的方硬，手指比女性较粗，与女性的手一样，手指和手掌的长度近乎相等。手指弯曲要自然大方。要略画出男性手的指关节。

2. 手套

在表现戴手套的手时，应先画手的形状然后根据手的结构加上手套款式，注意表现手套时应画得比手略微大一点。

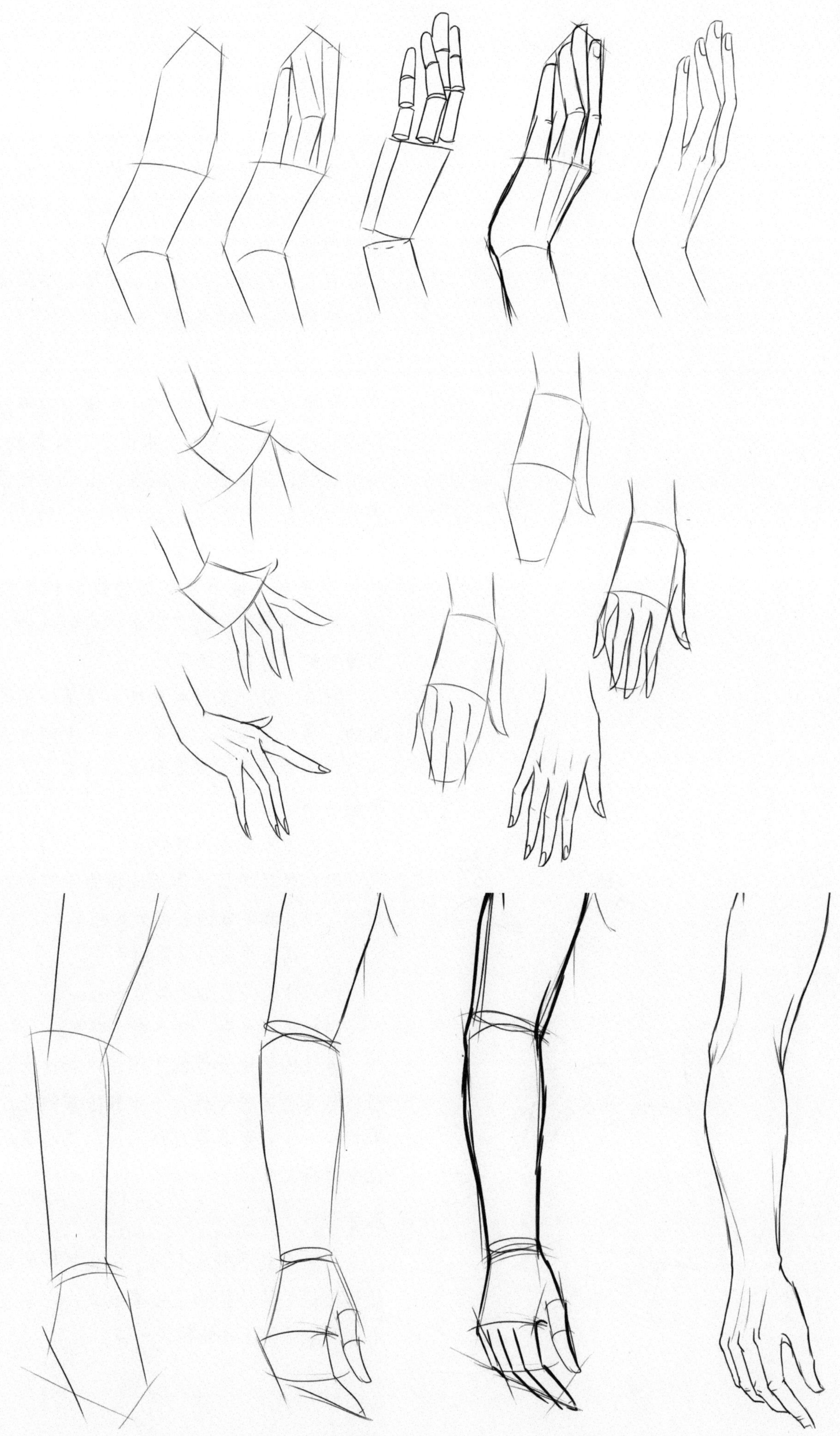

3. 手腕

手腕是手连接手臂的关节。描绘时手腕一般都与手的姿态相协调配合，切忌手与手腕分离。手有很多动姿，掌握好手与手腕的关系，就能自如地表现手的各种正确的姿态。

4. 手臂

手臂的结构由上臂、下臂和肘部关节组成。描绘手臂时，要注意各部位之间的比例与关系，特别要注意肘部弯曲的结构特点及肩头和手臂肌肉的造型。要把握住肘部的弯曲运动，最重要的是正确掌握肘关节运动的规律和肌肉隆起的特征。

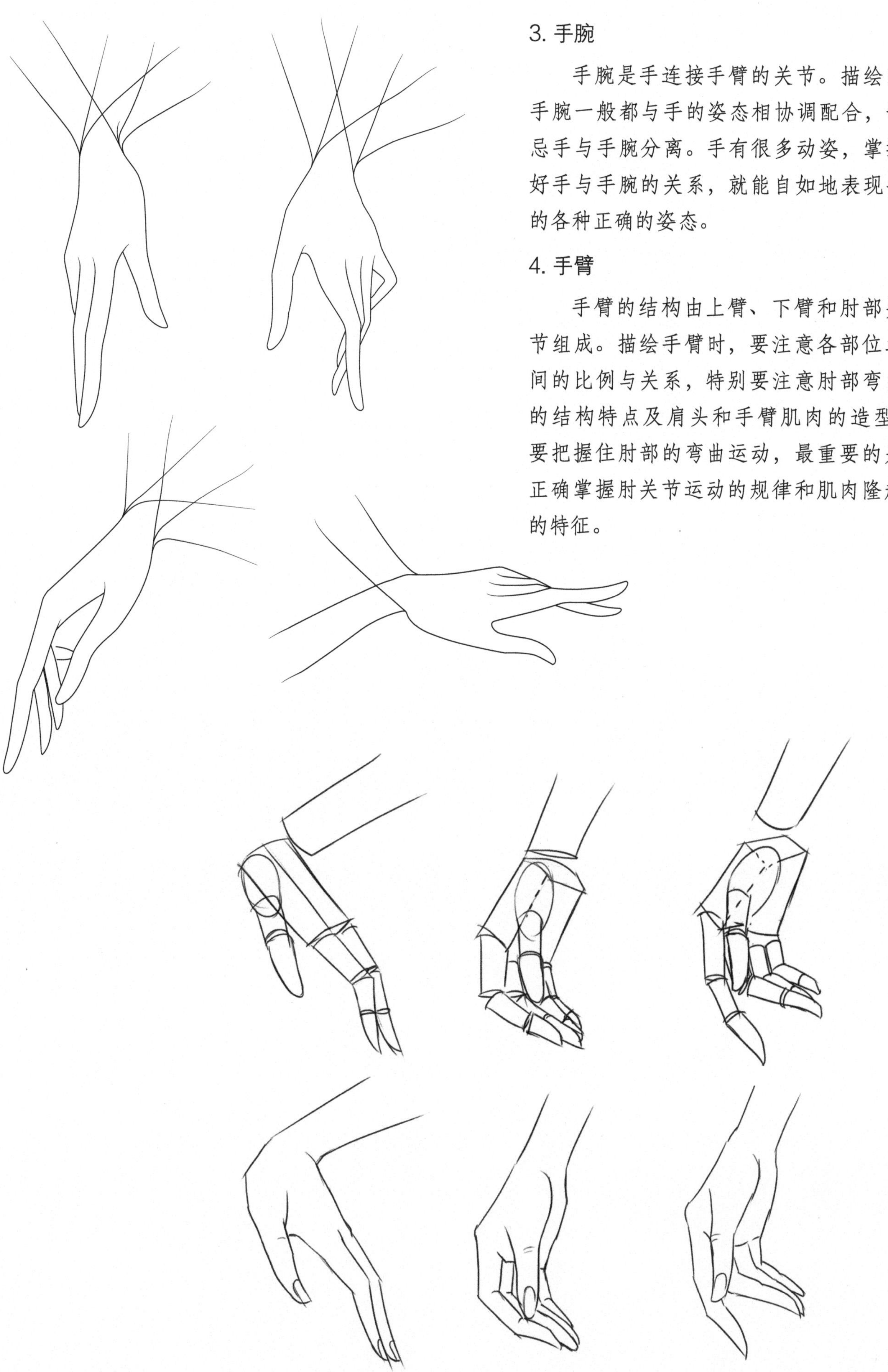

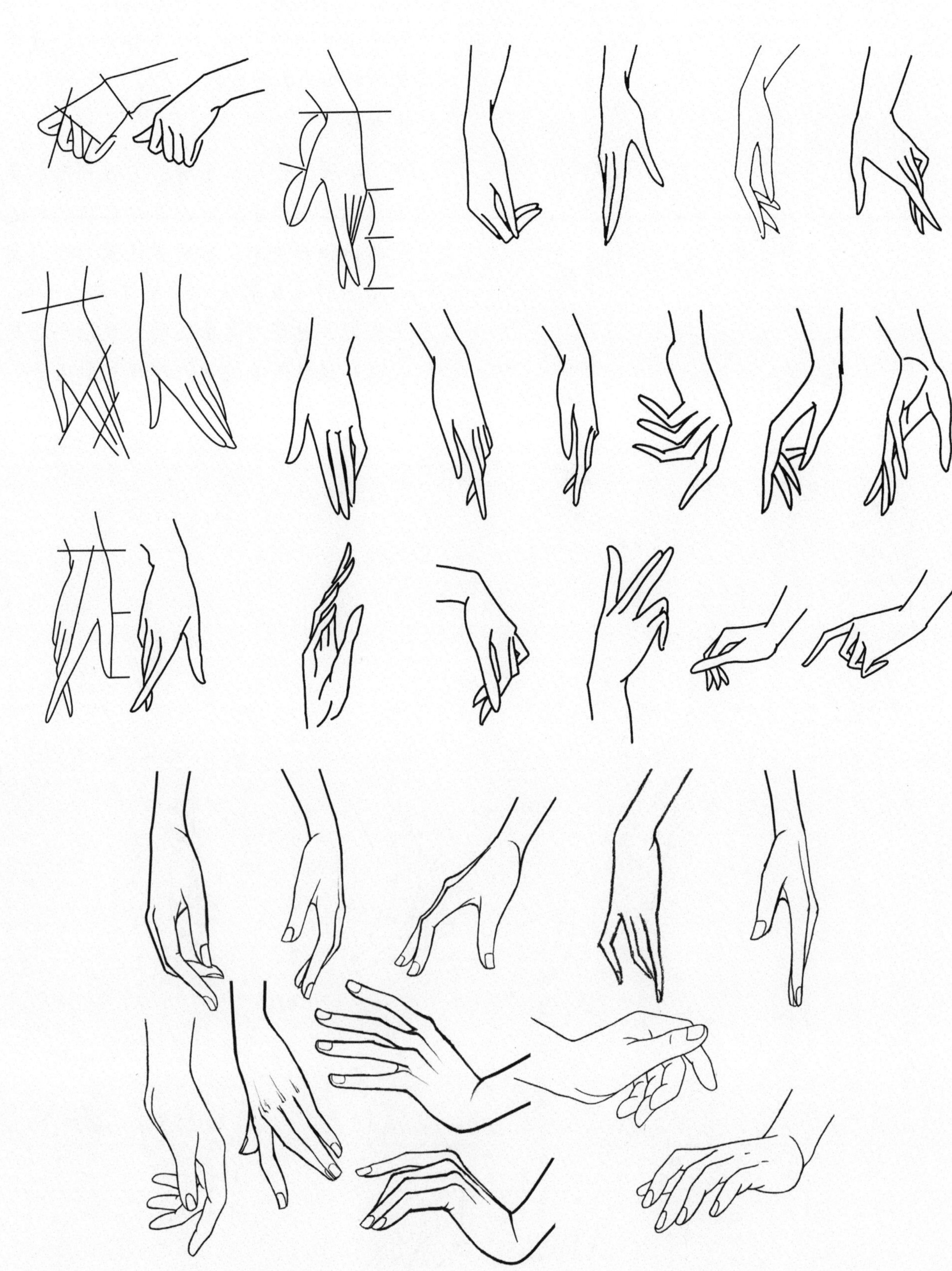

六、脚、腿及鞋靴

在服装设计效果图人体绘画中，脚的表现也不容易掌握。脚与腿在整个人体中占有很大的比例。人体优美的动态主要依靠腿部的运动。恰当地描绘出修长、美丽而健康的腿，能使服装效果图美感倍增。

1. 脚

脚是人体站立和各种动作的支撑点，脚的正确描绘有助于站姿的稳定感。脚的动态表现能加强人体姿势的生动感。描绘时，要注意脚趾、脚背和脚腕三个部分在同一动势时的相互影响，尤其是当鞋跟的高低发生变化时，更应该注意脚趾、脚背和脚腕的变化。画穿鞋的脚，要注意表现出脚已经穿入鞋内有脚的感觉。正确的脚踝骨的突出状况是内侧比外侧略高。

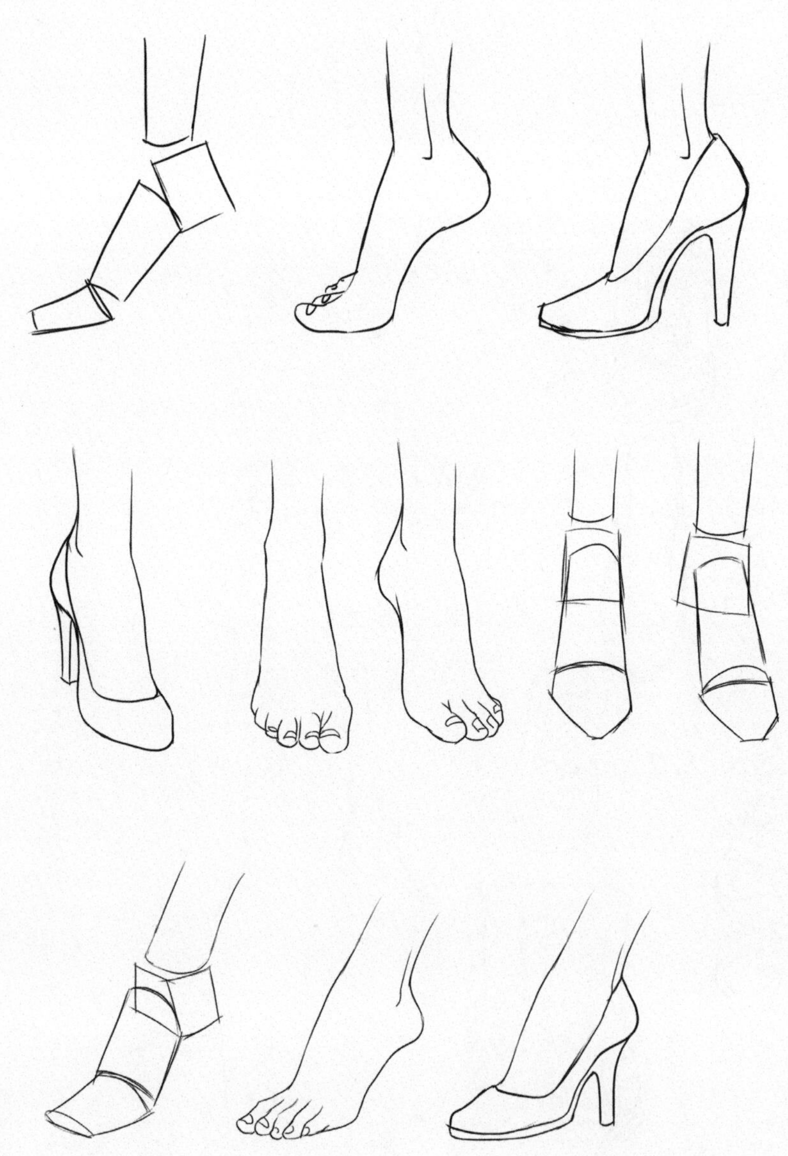

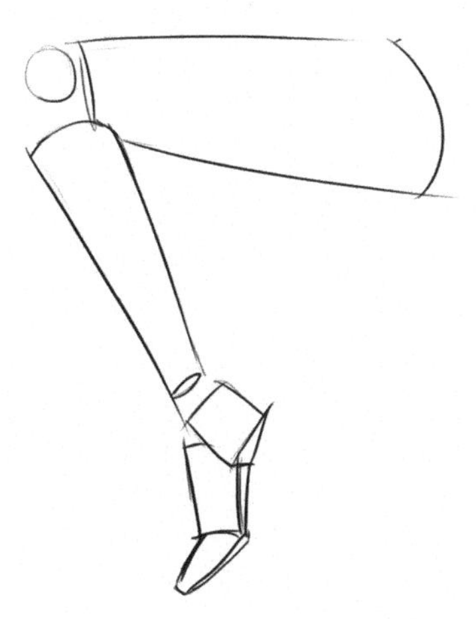

2. 腿

要表现出腿的美感，首先应了解腿的骨骼和肌肉及外形。在服装设计效果图描绘泳装或短裙、短裤时，更应注意腿部美感的表现。在描绘女性的腿部时，应以圆润、流畅的曲线来表现。

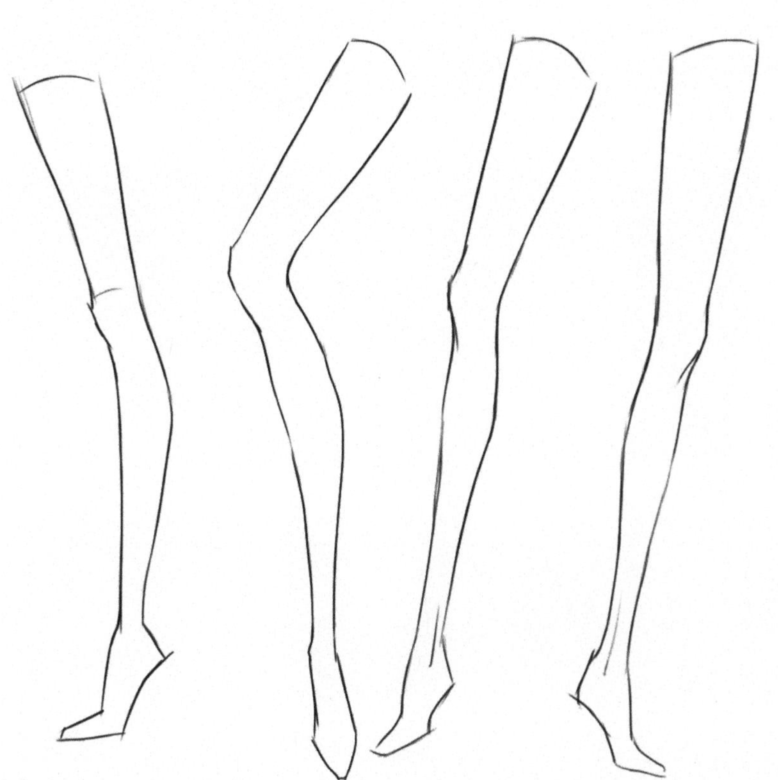

3. 鞋、靴

画鞋子和靴子时大小与头长接近，高跟鞋是大多数女性所喜欢的，也是最易于表现女性身材美的装饰品。鞋跟越高，从正面和3/4面看，脚就越长，如果穿平底鞋的站姿，从正面看，脚则显得短而宽了，画3/4侧面的脚也要适当缩短脚的长度。女性服装设计效果图的脚应是优美的，骨骼不宜表现的过于突出，应适可而止，恰到好处为佳。

具体画脚的步骤如下。

(1) 轻轻地画出脚的基本形、动势和结构线，画出脚踝、脚跟与脚趾等部位关系线。

(2) 画出脚弓和脚趾的形状或鞋的结构。

(3) 修正脚的细节或鞋的结构，如脚趾、鞋带及鞋跟，考虑尺寸及基本形。

(4) 观察整个脚与鞋的关系，看看脚是否真的穿在“鞋”内了。

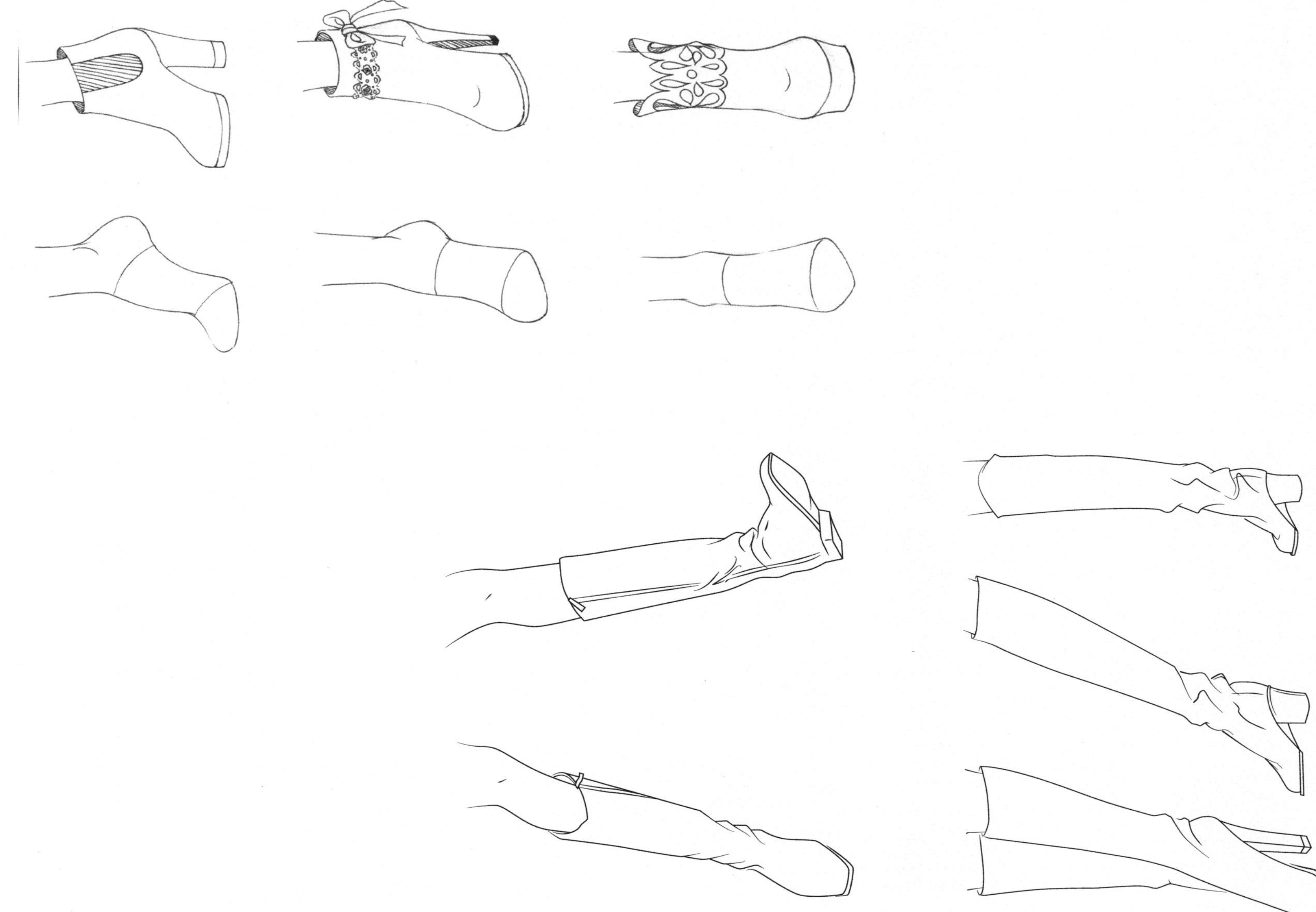

第三章　人体着装

在掌握了服装设计效果图的人体造型后，应进一步掌握服装的造型规律。服装造型包括两个方面，一是服装的外轮廓；二是服装的内结构。

第一节　服装外轮廓的表现

服装的外轮廓是指服装款式的整体造型。掌握服装外轮廓造型的基本规律，是进行服装设计及绘制效果图的一个首要步骤。当进行服装设计的构思和描绘时，应首先把服装外形的整体特征表现出来，使所描绘的服装款式在人体上显示出一个完整而富有美感的外形。服装外形的变化对服装款式的流行具有决定性的作用。

服装设计的实现，必须首先进行服装总体造型设计的构思，这是服装设计构思过程及效果图表达设计构思的第一步。服装外轮廓设计的构思都是来源于各种生活，从生活中获取灵感获得构思的启示，以各种客观的形态为源泉，经过设计师的提炼概括加工，形成服装的总体造型。在进行服装外轮廓设计时，要把精力集中于把握服装的整体形态，避免过早地进入细节的刻画，要在总体造型得到基本完善后，再作细部处理。首先以平面的线条来表现，然后再发展成立体的以有变化的线条描绘出效果图。

第二节 服装内结构的表现

内结构的表现是在服装外轮廓设计完成后，对服装设计作进一步深入思考和表现的过程，它是对服装各个部分的造型进行设计上的构思和表现，以达到完整地完成服装款式设计的目的。

服装的局部造型，必须在总体造型的基础上进行深入，使局部造型统一到整体造型之中，起到充实、完善服装造型设计的作用。

服装内结构设计包括服装本身的款式结构和制作工艺。服装本身的具体内结构主要是指服装的线性分割、衣领、衣袖、衣身、口袋、门襟、下摆、腰线和褶裥等，制作工艺的表现主要指缝、嵌、绣和拼等工艺手段。

服装内结构在表现时，应注意其因动态产生的透视关系和立体感，下面分类阐述不同部位的造型与表现。

一、衣领的表现方法

衣领在服装中所占面积不大，但它是服装的重要组成部分，同时还决定着款式的面貌。衣领的造型有它基本的结构规律，但又有多种变化。衣领的款式很多，在描绘时必须将每一种不同造型的衣领特色准确地反映出来。例如，当要绘制服装时要明确表达是西服领还是披肩领等，如果是西服领还要进一步明确地表现该西服领是宽驳头还是窄驳头、是平驳头还是戗驳头、是大开门型还是小开门型等。这些细微部分的表现会直接影响整体服装造型，以至影响裁剪工艺的进行。

衣领依附于颈部，因此画时必须注意颈部的圆柱状及适应于颈部的特点。在画衣领时，要先画出人体的颈部，再画衣领。必须画好领口，领口围绕着圆柱形的脖子，衣服的领口交点正好落在颈窝处。领口的曲线环绕颈部，并且有一定的弧度，完成领面的形状。

领子基本线的产生，是以颈肩结构为依据。衣领要表现对颈部舒适，领口的造型有圆领口、方领口、V字形领口和一字形领口等。这些领口均可根据需要调整高低，并通过高低变化再产生出新的造型。领身一般是根据领的变化而变化的，但也有其独立性。例如，同样是圆领口而领身可采用圆角、尖角、高领身等多种形式，甚至采用不对称式的造型。在画面表现时要注意因人体动态与侧向不同而产生领子形状的变化。若是对称式，在正面表现时左右对称，半侧面时一般采用4比6的比例关系。若是不对称式，在正面表现时要注意正确地区别于半侧面的表现形式。画好衣领视觉上要对称，搭门重叠的大小要准确，领的左右高低要一致，领尖要相同。衣领翻开时，领子的翻折曲线要画得准确，衣领与颈部的松度要掌握好。

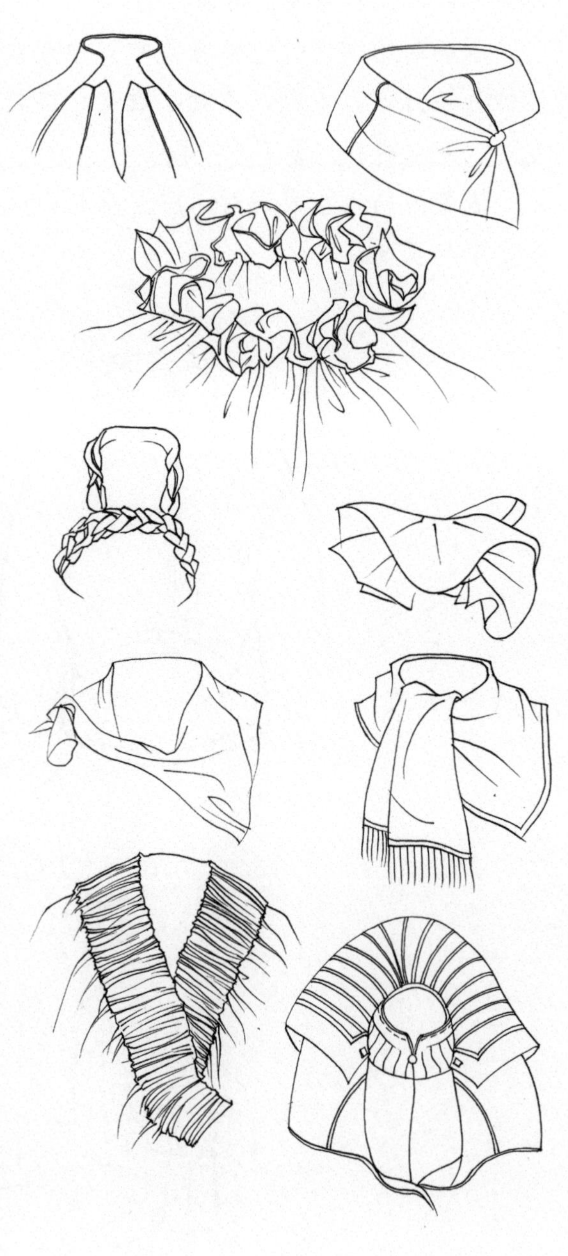

掌握了对称衣领的画法，再画不对称衣领的领型就容易了，不对称的领型要采用正面的姿势来表现，花边装饰在衣领上的边饰也有各种装饰手法，如果运用恰当，对衣领的设计也能起到良好的优化作用。

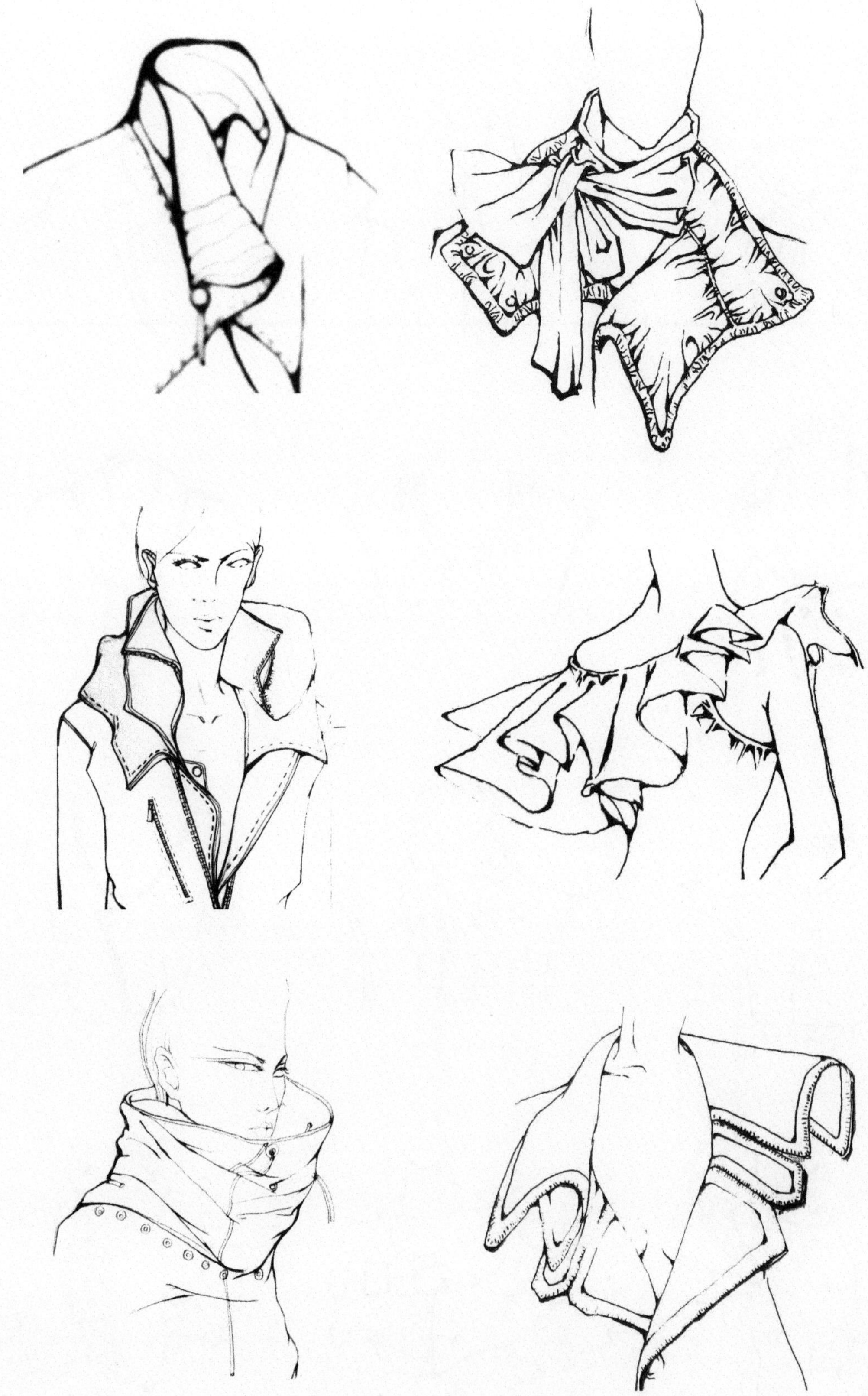

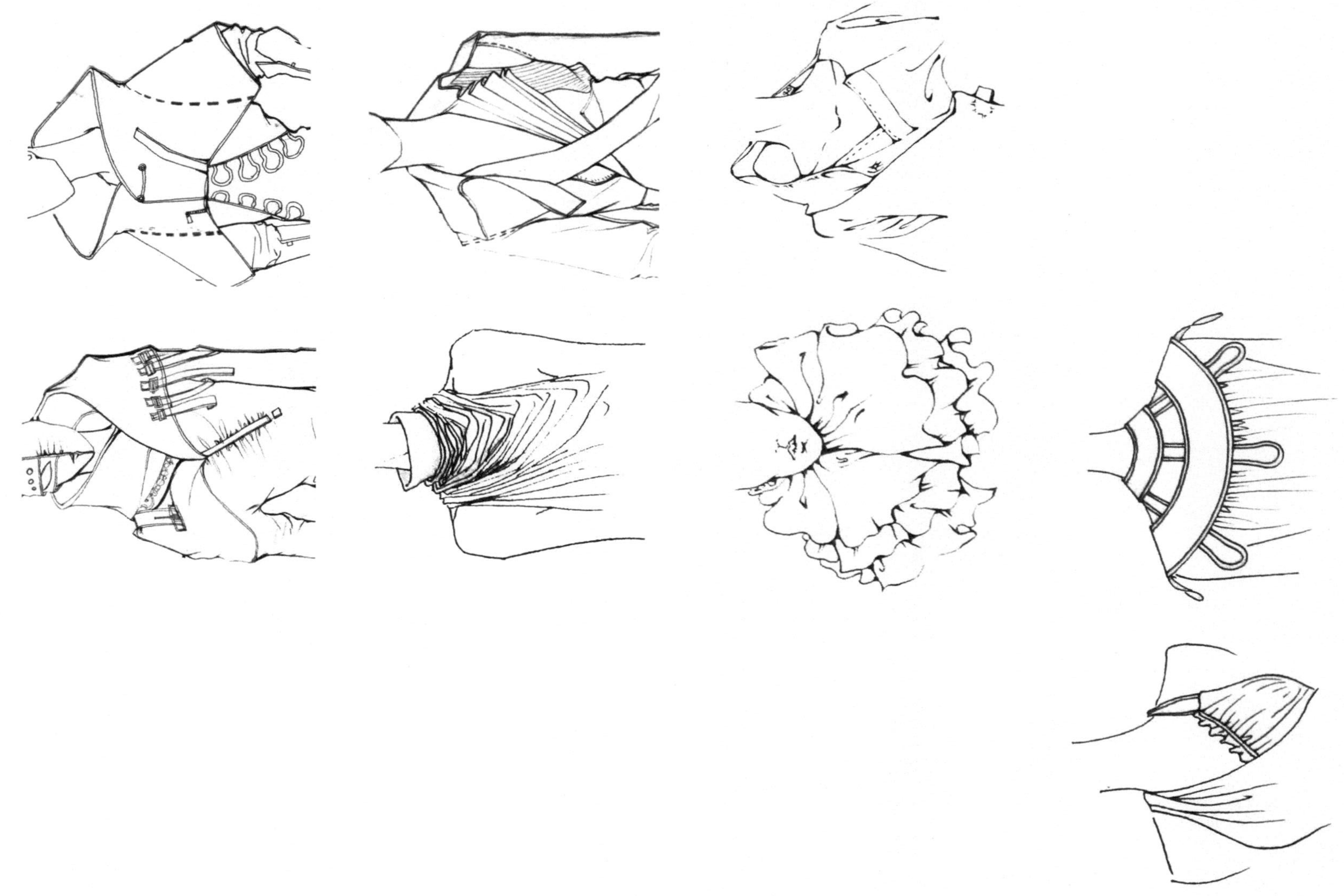

二、衣袖的表现方法

衣袖是整个服装的重要组成部分之一。衣袖款式造型的变化部位主要在袖山、袖窿和袖口等。袖窿、袖口因裹着手臂，画时可用勾线的方法，注意肘关节弯曲时所产生褶皱的主体感的表现。要使人感觉到袖子内还有手臂存在的效果。袖山的变化主要体现在其设计点的高低上，它的高低变化会产生各种平坦或隆起的主体效果。袖山、袖窿和袖口这三者的造型关系是密切相关的。在进行袖子的整体造型时，应将它们同步进行考虑。袖口也有不小变化，如灯笼口、喇叭口、花边口和搭襻口等式样。画袖子时要使用有弧度的线条，这样可以体现出整个手臂在袖子内的立体感。

表现衣袖时，先画出手臂，手臂的动态要有利于袖型的表现。要明确表现出袖的长度、宽窄及衣袖的造型特点。注意衣袖与肢体的虚实关系，衣袖的褶裥要画得概括。注意衣袖上装饰物的处理，要完整地表现出衣袖上的装饰与花边等。

衣袖的造型可设计出千变万化的款式。但在画面表现时，应注意交代清楚各种形式所产生的变化效果。应避免观赏或裁制时产生的错觉以免影响效果图传递的信息。

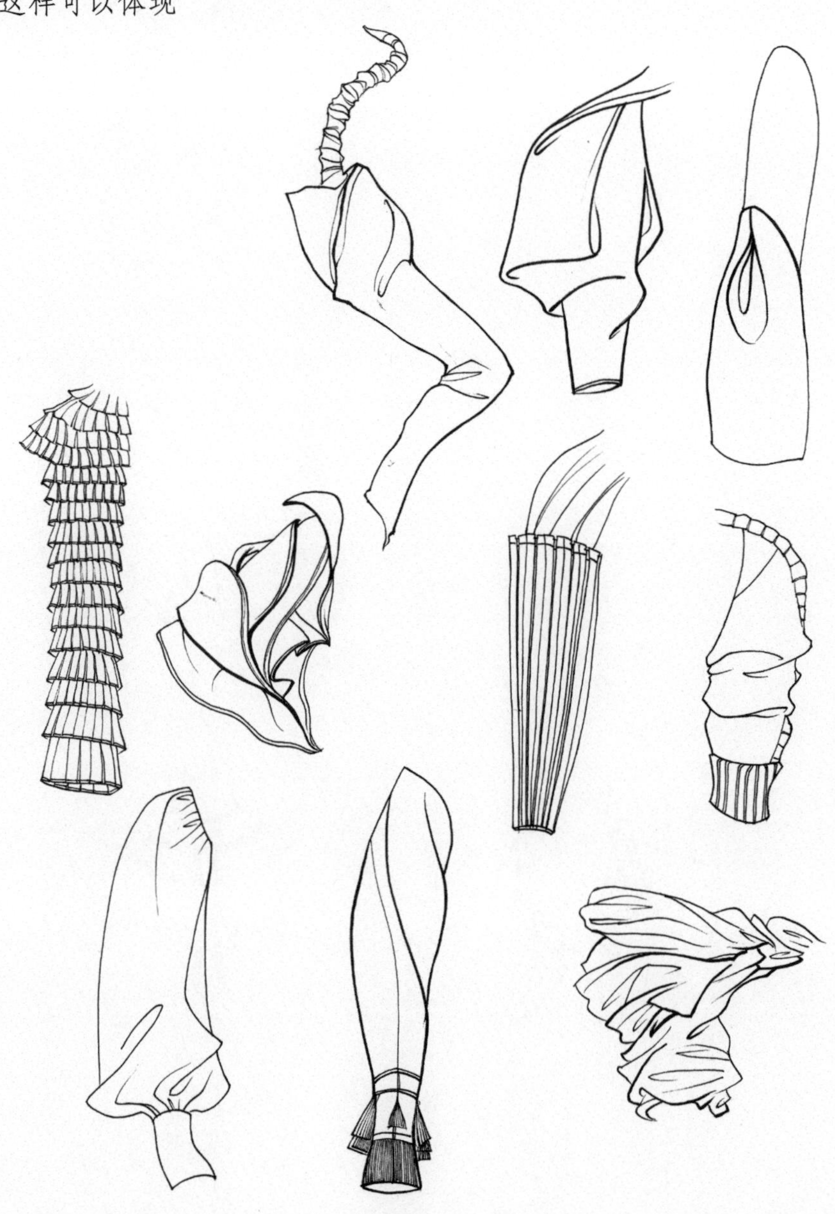

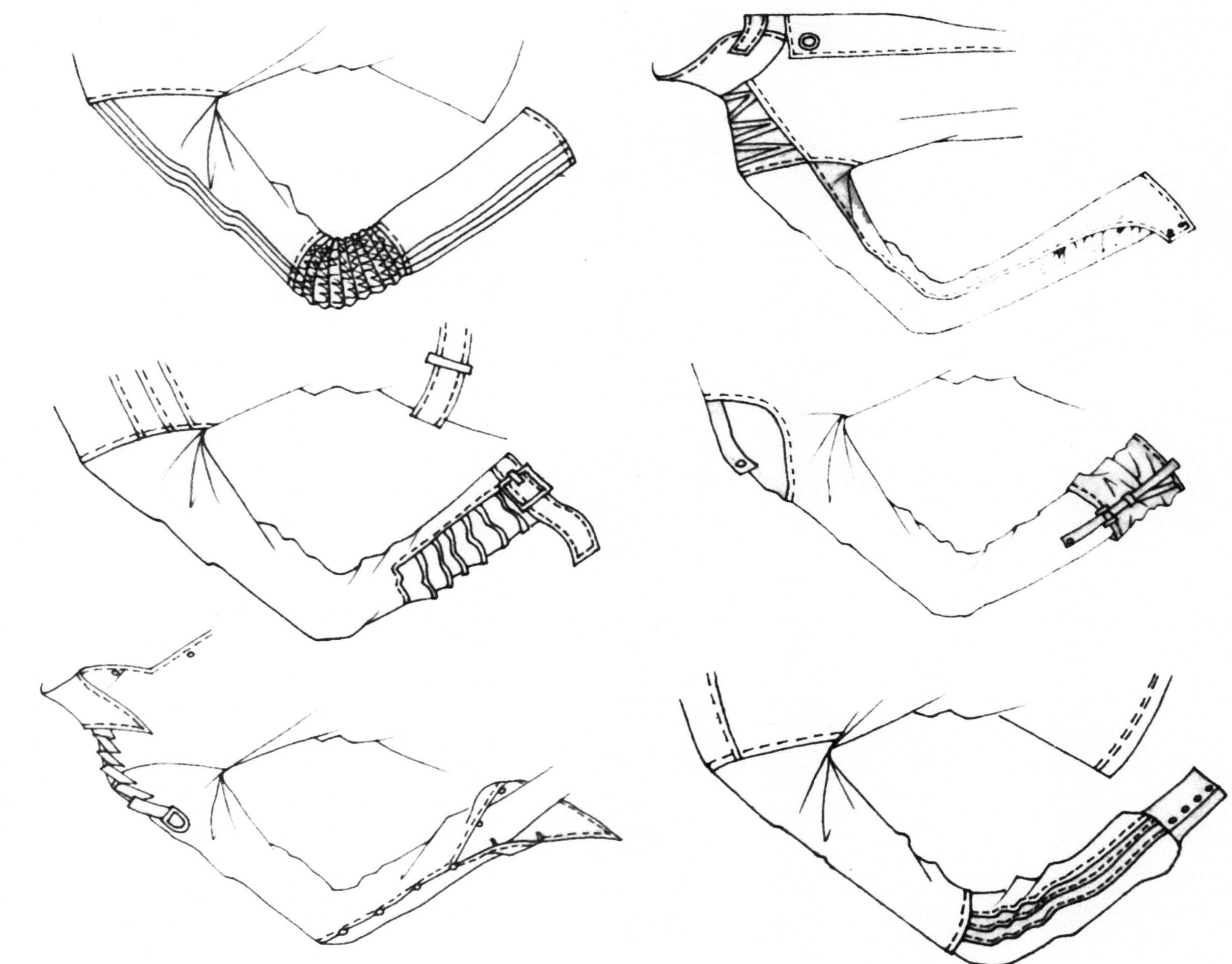

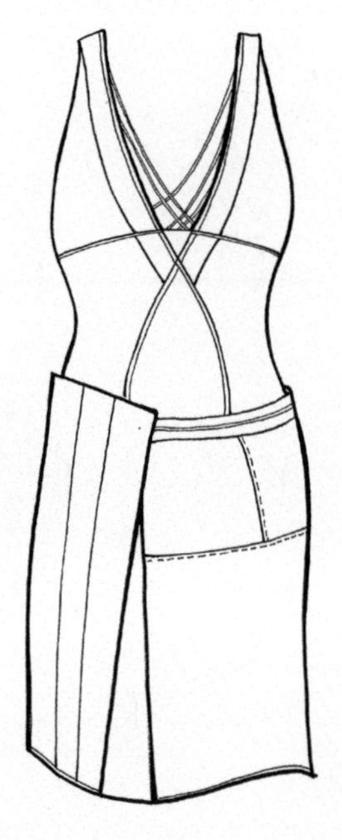

三、门襟的表现方法

服装的衣襟处于人们视觉的主要位置，因此，它的美观与否直接影响服装造型的美感。衣襟的原型是一条左右对称或不对称的线，通常是垂直开线，描绘时，应把握这一原型进行造型变化和处理。它的主要造型变化点：一是开线位置的变化：二是开线形状的变化；三是加强装饰与边饰；四是纽扣和拉链等位置排列形式的变化。设计和描绘时经常从上述几个方面着手。

边饰造型主要指门襟的花边，通过规律的折褶或不规律的褶皱拼接成各种装饰形状。这样的造型能得到富贵华丽的感觉，并具有古典风格。

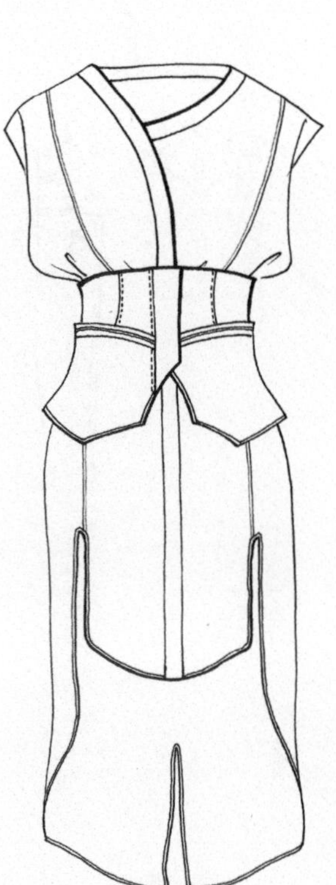

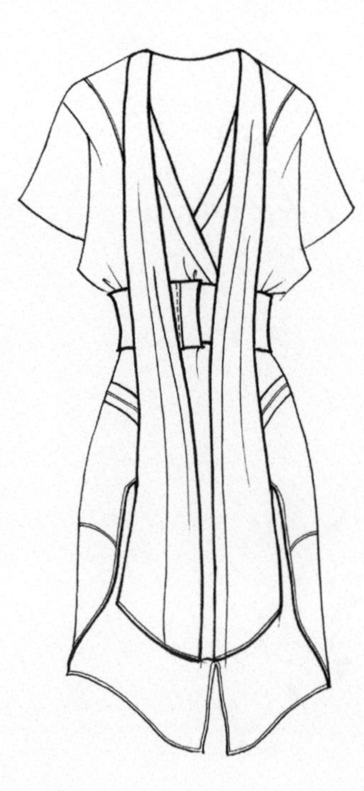

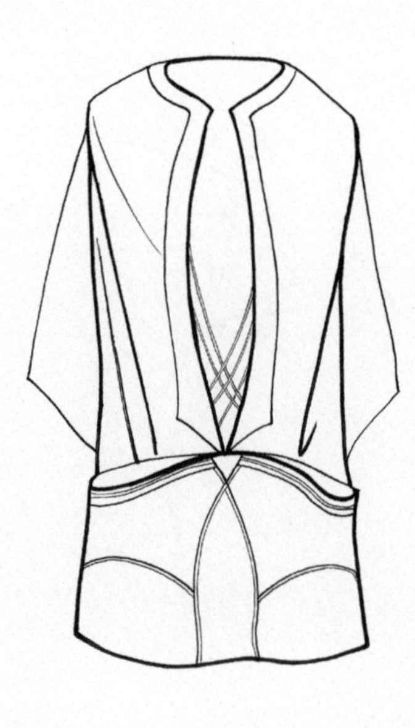

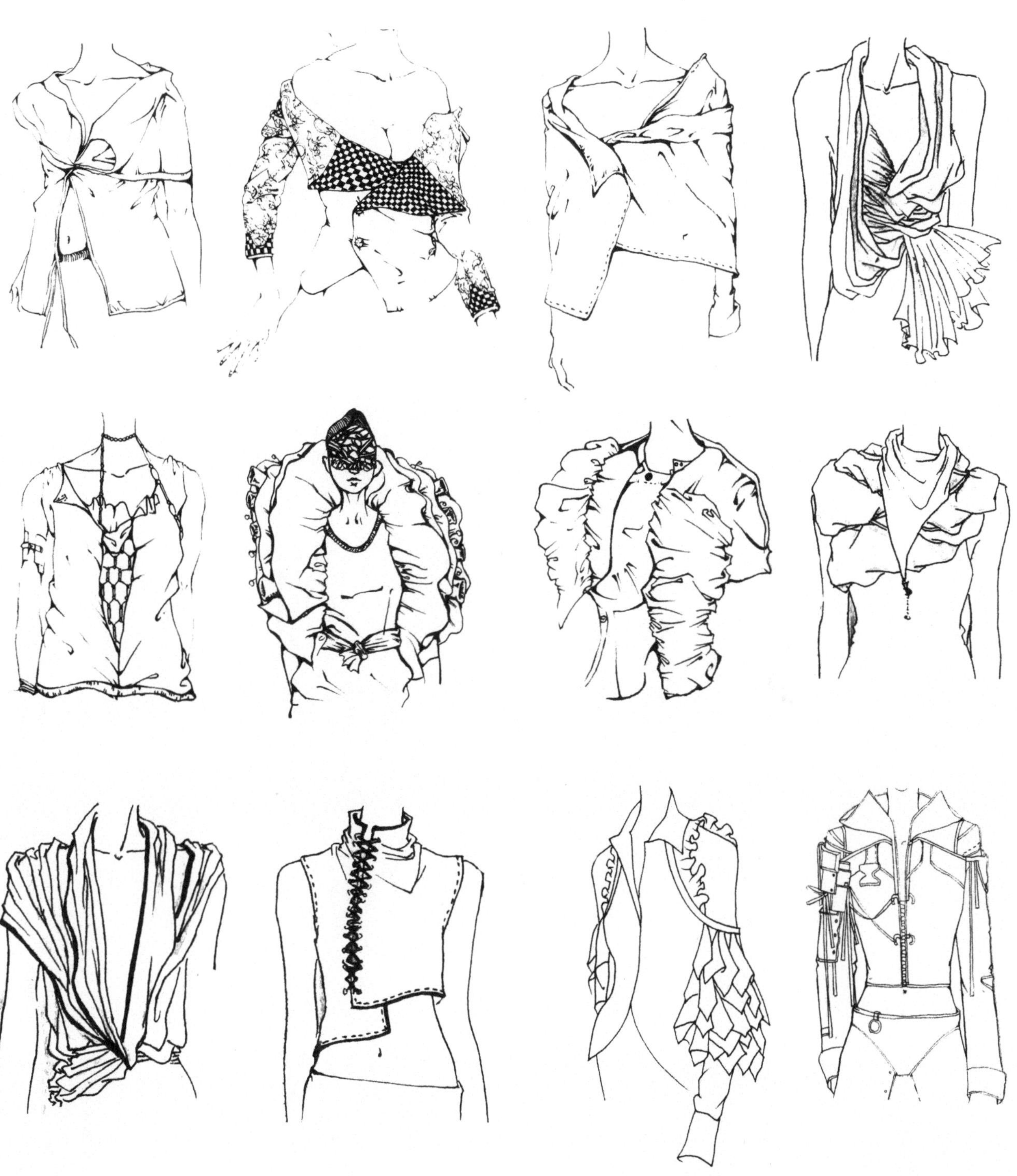

四、衣摆的表现方法

衣摆的原形是由一条平行线构成的，衣摆的造型变化都是以此原形为基础的演变。经过装饰美化产生裙褶式衣摆、喇叭式衣摆、紧收式衣摆、月牙边衣摆、尖角式和圆角式衣摆等。衣摆的造型设计构思是与服装的长度相联系，衣摆对衣服的外部造型起一定的变化作用。

五、口袋的表现方法

口袋的造型变化十分多样，可分为插袋、贴袋和挖袋三大类。每一类中的造型多种多样。在插袋类中有斜插袋、直插袋、横插袋等。配纽扣、拉链、搭襻等附件，能产生出更多插袋的变化效果。贴袋类造型变化更多，有方形、半圆形、长方形等以及其他装饰性造型。有时，也配上松紧带使某一部位产生褶皱效果来改变其造型特征。挖袋类的造型变化主要在袋盖上。一般袋盖造型有长方形、斜方形、斜三角形等。运用得当，可各得其妙，口袋的位置可高可低，其位置的高低在服装造型中同样起着一定的作用。口袋在图上表现时，应明确地描绘出它的造型特征，使人一目了然，大小相称，位置准确，注意口袋在整个衣身上所处的大小比例和位置的美感。口袋若是左右对称排列，画时要注意对称性的透视关系。如是不对称排列，更须避免错觉的产生。

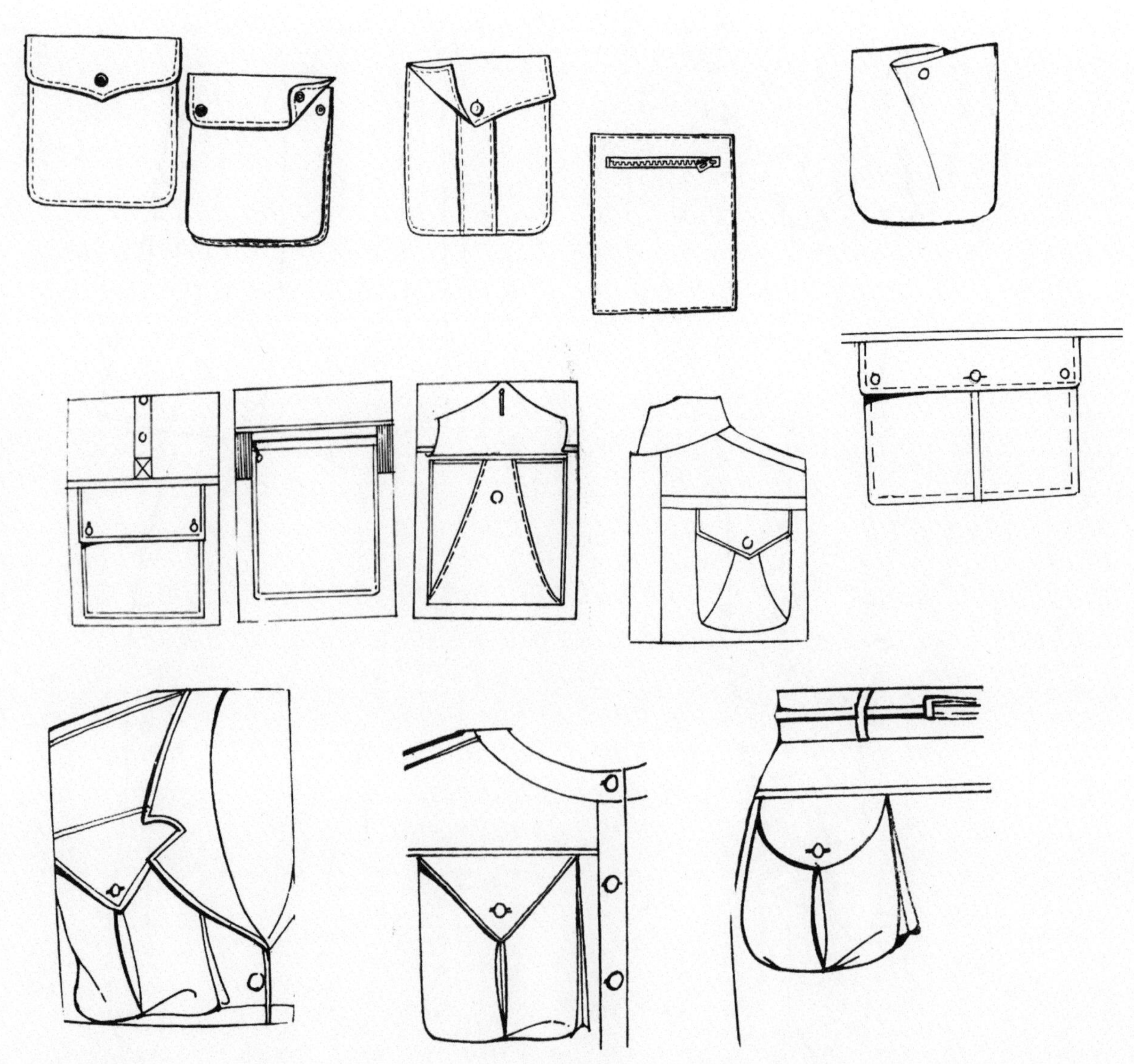

六、褶的表现方法

这里所指的褶就是根据款式要求而有意加上的褶皱，在描绘时，应将这些褶皱与因人体活动而产生的衣服褶皱相区别。褶分为抽褶和叠褶两种。抽细褶是一种不规律的褶皱，其皱纹密集而形态自然。叠褶是一种有规律的褶皱，其造型按构思需要可窄可宽，较为灵活。表现时，要清楚地画出各种褶的特点，若是叠褶，应画明上下叠压的次序关系，若属于大小规律性的褶，画时要大小统一而均匀，在一般情况下，褶因人的动势而产生变化，与人体动势的方向相反。在描绘时还要注意画出褶的透视变化。

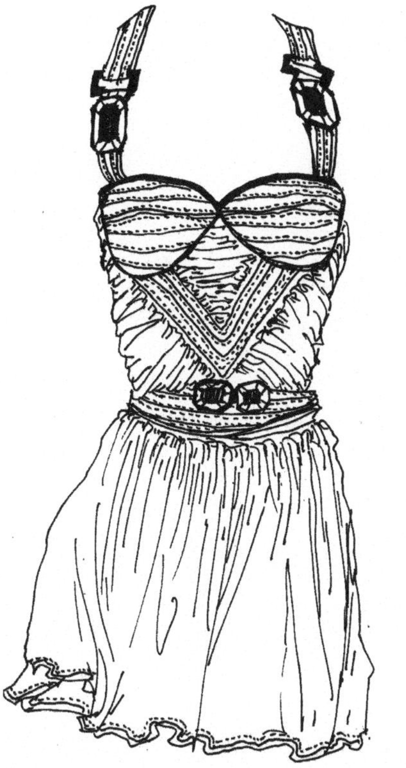

七、裙的表现方法

当裙子穿着于人体时，它就更能表现出立体感。又因裙腰较小，而一般的裙摆均较大，所以形成一个喇叭状形态。不论是窄裙还是宽裙，其下摆裙边穿在人体上呈现为椭圆形。裙子的种类很多，描绘时须注意到设计意图中穿着裙子的场合及效果。要注意裙子上的褶纹、打褶、皱纹等的装饰工艺。还要注意穿着后活动时所产生的衣纹。

八、裤子表现方法

画裤子时，要注意当腿部移动时裤子某些部分与腿部紧贴，某些部分离开腿部而产生的衣纹变化，对于腿部衣纹要作概括的描绘。应重视裤口与脚背交接处的脚背外形。画裤子时，线条要放松、流畅，确定适当的下肢姿势。要明确表现出裤子的长度、肥瘦，注意裤子与腿的虚实关系，要画得概括。

九、服装内结构综合表现

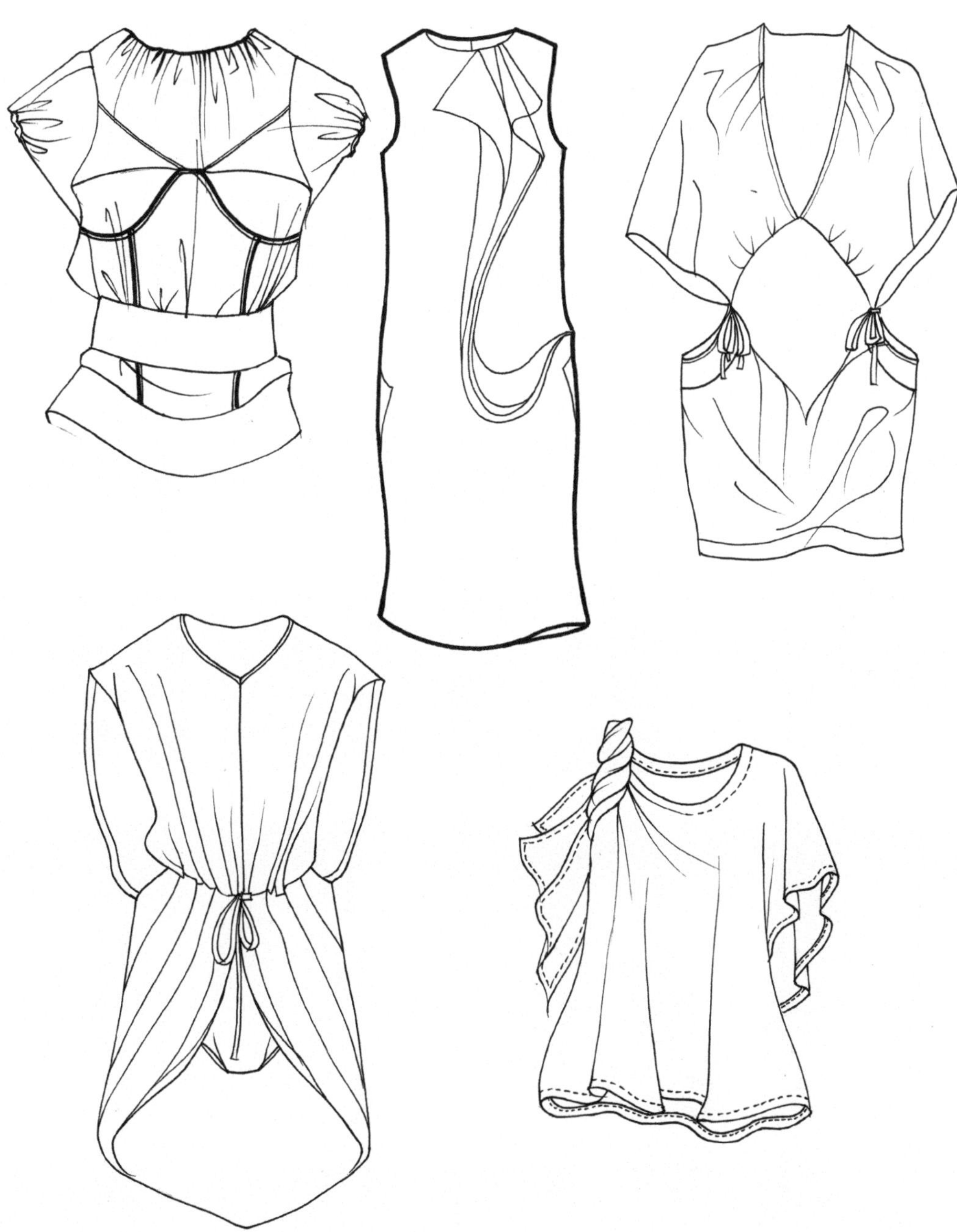

BAD GIRL
BAD GIRL

第三节　服装服饰的表现方法

1. 鞋靴的表现方法

鞋靴的描绘对质感要求较高。表现鞋靴款式要根据功能与用途的不同来表达，如运动、便装、宴礼等；还有高、中、低跟和尖、圆鞋头，以及饰物点缀等很多变化。这一切都应根据服装款式的特征及流行来确定。特别要注意，应将脚的形体结构和脚穿在鞋内的感觉画出来。如果能将鞋靴的造型与服装整体完整结合，将使服装效果图的整体效果更为完美。

2. 帽子的表现方法

帽子是服装的一个组成部分，它的造型应与服装款式造型相一致。帽子的造型变化很多，大体上可分成有檐帽和无檐帽两大类。由于帽子戴在椭圆形的头部，所以即使有万种造型变化，但仍万变不离其宗。

描绘帽子戴在头上的效果时，对于帽子的形状、帽檐的宽度等，都要准确描绘出来。描绘时，先画出头颅的结构线，然后加绘上无檐帽，若是有檐帽的款式，再加上各种造型款式的帽檐，这样按部就班地进行，较易得到表现适意的效果。画帽子时还要注意随头部的运动而产生的透视变化，同时注意面部、发型及帽子三者之间的关系。

3. 围巾、头巾的画法

头巾、围巾不仅在功能上起保暖、防风、防晒作用，也能增添整件服装的美感。表现围巾或头巾时，先画出头与颈的轮廓，在头或颈轮廓的基础上画出头巾或围巾的外形，注意头或颈与头巾或围巾的松紧度。在画好外形的基础上，进一步要表现它的内部结构，注意它打结的特征。归纳、概括头巾的褶纹，使之疏密有致，同时注意表现头巾的质地及花纹。

4. 图案的表现方法

图案在服装上是非常重要的，在画面表现时，应画清楚图案所表现的形象，明确画出图案在服装所确定的位置，表明色彩效果。还要注意花形或其他图案形象在服装穿着于人体后的效果以及着装后所出现的透视变化，可根据光源情况有虚有实地描绘，也可以局部省略。

第四节　人体着装的表现方法

一、女性着装表现方法

服装和人体的关系是根据服装款式决定的。服装和人体之间形成或宽松或紧身的关系，在表现时，女性的服装种类繁多，因不同款式和面料，绘画时，通常外套和挺括的面料用硬朗的线条来表现；晚礼服、连衣裙等软面料用飘逸的线条来表现为佳。在为人体着装时，衣服衣纹表现较为重要，衣纹的方向与人体动态有着密切关系，根据人体动态合理着装。

二、男性着装表现方法

男性在人体动态表现上姿态稳重，变化较少，男性穿着的服装通常以相对挺括的面料为主。服装设计效果图表现时，可多用硬朗的线条，根据不同服装款式和面料随时调整用笔状态，以达到表现男性服装设计效果图的最佳效果。

三、儿童着装表现方法

要充分了解儿童的体态和服装款式特点，在画法与线条的运用上，落笔不要过于强劲，适度用笔，轻柔细腻，确实地捕捉住儿童着装后的状态。

5 岁左右

8～12岁

四、青少年着装表现方法

青少年的服装以校服为主，款式以制服为多，面料相对挺括。表现青少年的着装设计效果图时，可以采用既硬朗又活泼的线条来表现，反映出这一年龄段着装的特点。

第四章

服装设计效果图的表现技法

服装设计通过服装设计效果图表达出设计师的构思，而服装设计效果图的表现又必须要求设计师具备较高的绘画水平。为了提高水平。必须先研究和掌握其表现技法，然后才能得心应手地将头脑中的服装款式穿着效果表现于纸面。

服装设计效果图表现技法的实现，主要依靠绘画的基本功。采用绘画的表现方式，以及其他各种装饰画、剪贴等，并通过各种特殊表现技法来实现。其目的是为了完整、准确地体现出设计师的设计意图并将最终的服装穿着效果形象而生动地显示于画面。

服装设计效果图的表现技法，应明确显示出服装的总体和局部造型的款式特征、服装的色彩配置；面料品种的质感；着装人物的个性和风采以及与之相协调的环境。还要具备服装设计效果图本身所应有的形式特征和艺术效果。现将服装设计效果图的基本表现技法分别介绍。

第一节　服装设计效果图的基本勾线方法

一、勾线勾勒法

这种方法是画服装设计效果图运用最广泛的一种，它的特点是整个效果图的勾线粗细一致，感觉清晰、明快，款式廓型与局部的结构明确，能充分表现设计的细部。打板师能够非常清楚地了解和观察到服装设计效果图的款式廓型和局部结构，有利于裁制。

二、规则线勾勒法

这种勾线的方法，在勾勒时，线条的粗细运用是有规则的，如在一幅效果图中，人物与服装的外轮廓线可利用粗细不同的线来勾勒。那么人物与服装的内结构就可用均匀的细线来处理，服装的外轮廓就可以用均匀的粗线来勾勒。当然这种规则性线描法也可用其他有规则的两种线或三种线同时结合进行勾勒。但勾线的种类不要过于太多，以防图面有杂乱的感觉，这种方法比匀线勾勒法的变化多，且画面装饰性强。

三、自由线勾勒法

此方法比较自由，不受各种规则的限制，在勾线的过程中任意发挥，每根线条可能都有所变化。表现得当会呈现变化丰富且自由的效果。但如果勾勒不仔细，便会出现粗糙与杂乱。

四、装饰性勾线法

装饰性勾线的造型应以写实的人物结构为依据，强调服装款式的性格。描绘时应重视线条的疏密组织和黑白效果，线条的运用应尽量遵循均衡、呼应、反复、对比、规律化等装饰原则。线条必须严谨、工整，往往采用粗细相同的均匀线来描绘或重复勾勒加粗的线条，来增加服装设计效果图的装饰美感。有时也可用断续抖动的线条来增加服装设计效果图的装饰效果。

第二节　服装设计效果图表现的步骤分析

服装设计效果图的风格多样，其绘制方法各有不同。每个人都有自己习惯的绘画过程，方式不一、风格各异。但是，在各种技法中，也同样有着共同的规则，有着相互交融、相互贯通的地方。为了方便学习者的学习，现介绍一种较易掌握和普遍运用的表现步骤。

一、将照片转化为服装设计效果图的绘画步骤

(1) 寻找时装图片中较为理想的着装动态与服装款式。

(2) 把图片中人物的着装动态转化为人体。

(3) 最终可在人体上描绘出所设计的服装款式。

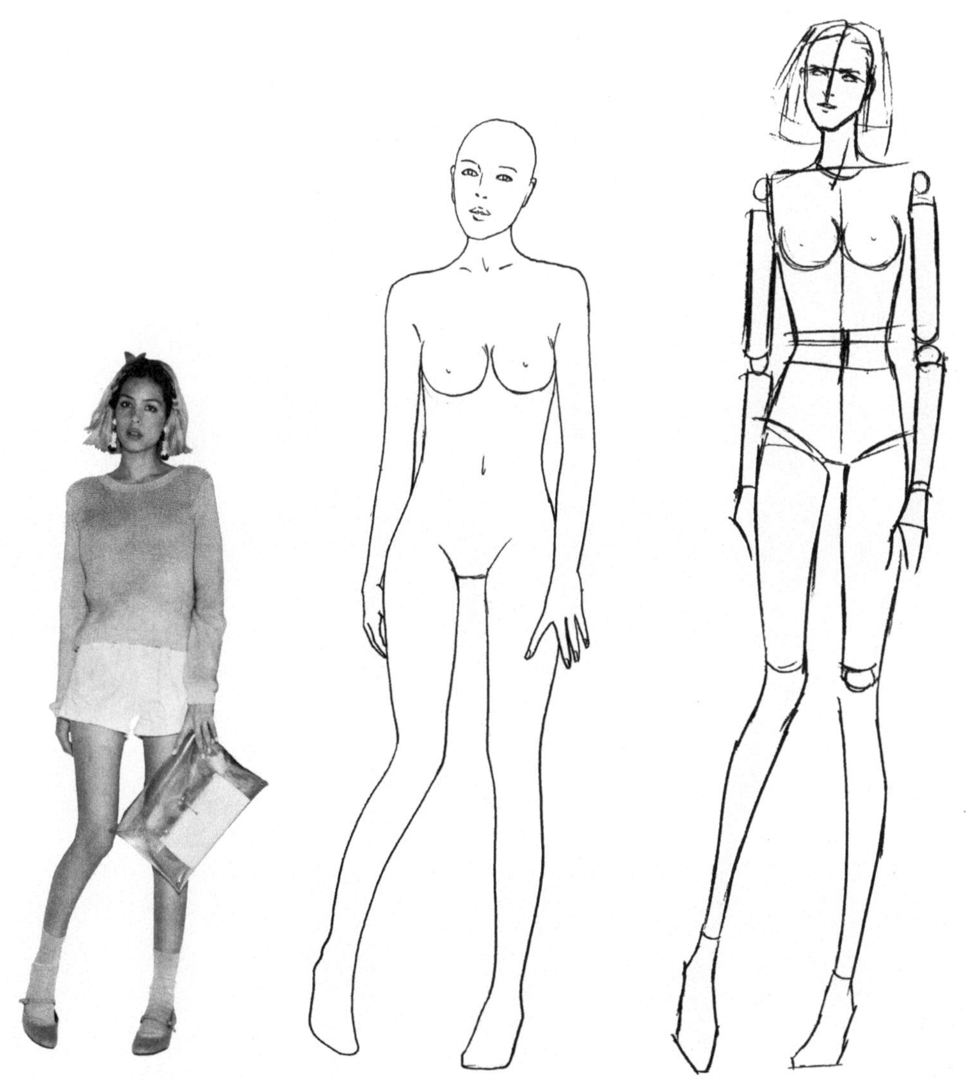

(4) 当临摹一张时尚人物着装图片时，不能完全照抄。首先要进行思考，然后再下笔去画，为了更好地达到效果，必须做到头部缩小，颈部拉长，肩部变窄，腰收细，腿加长，动态略夸张。五官的表现也不能完全临摹，应按照自己的理想形象或概念形象来表达。服装的结构表现，如布褶的处理，应随着人体动态的变化有规律地表现，可归纳减少，也可以根据需要增加或加强，达到满意为止。

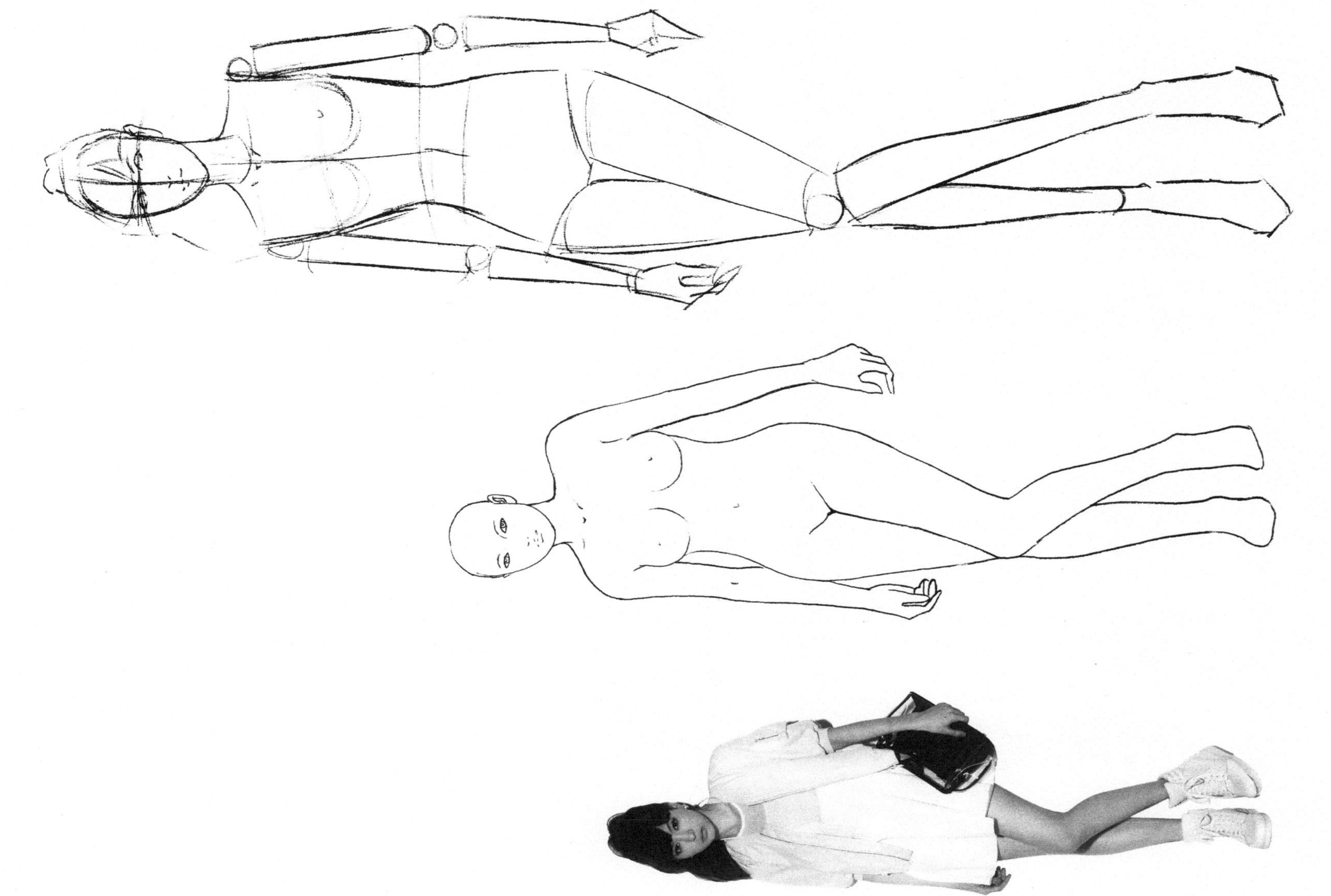

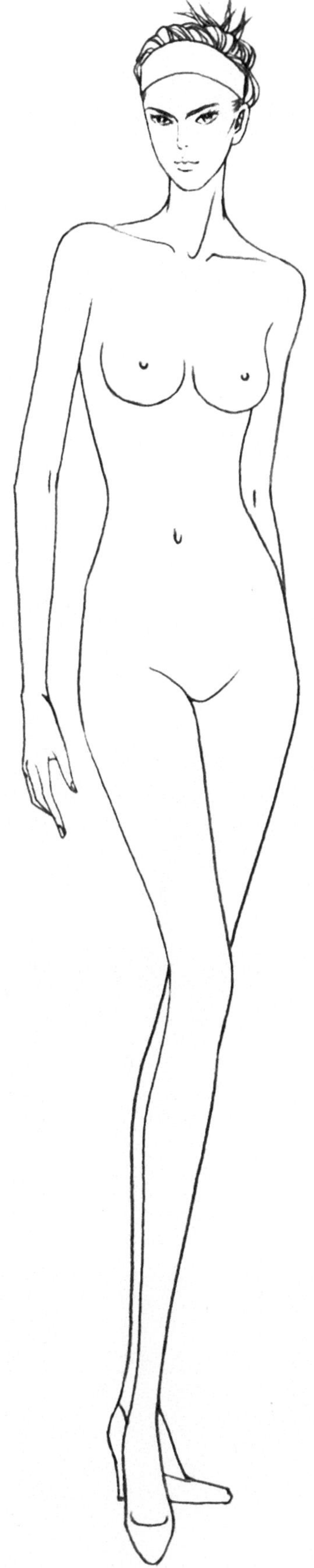

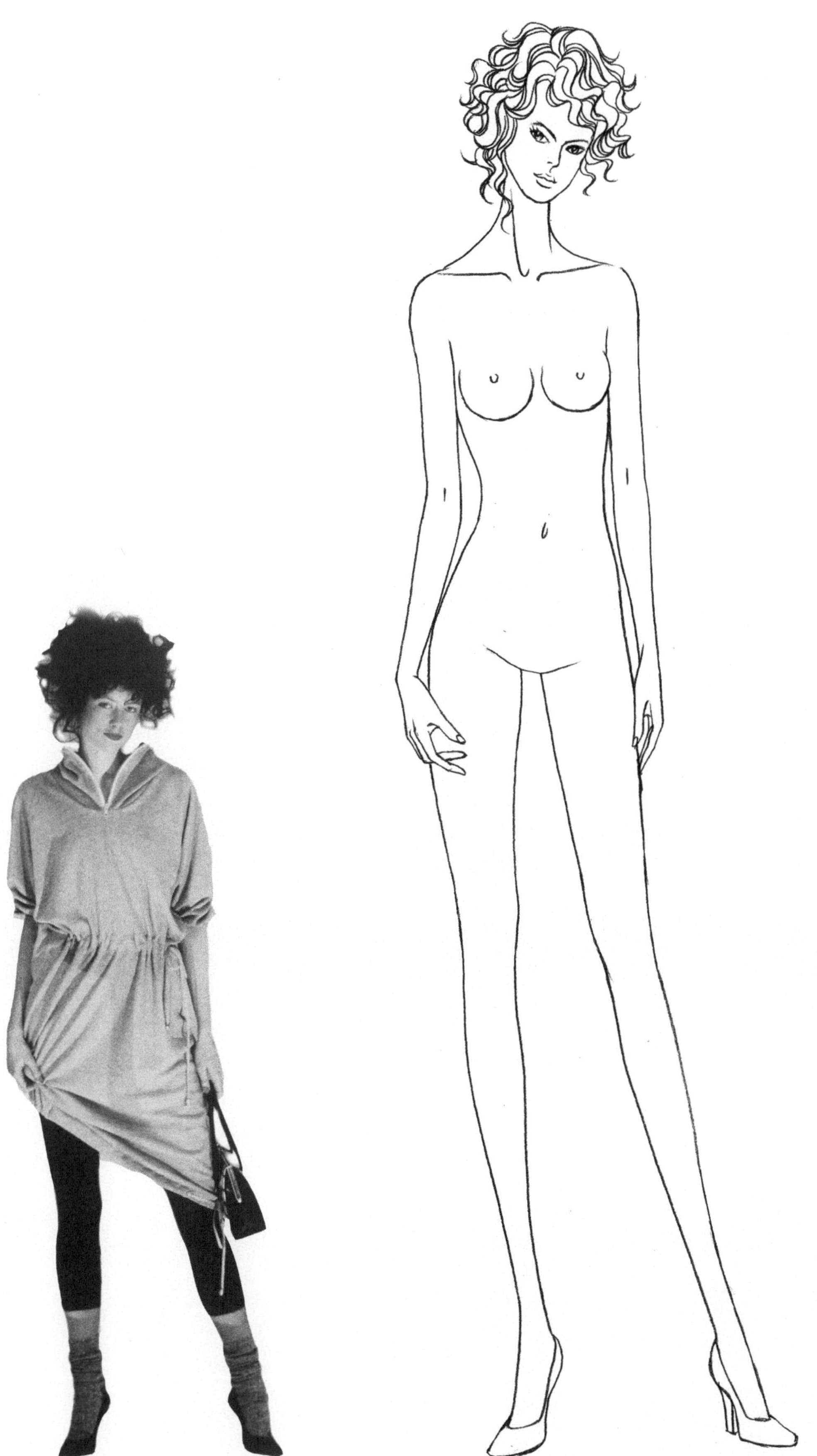

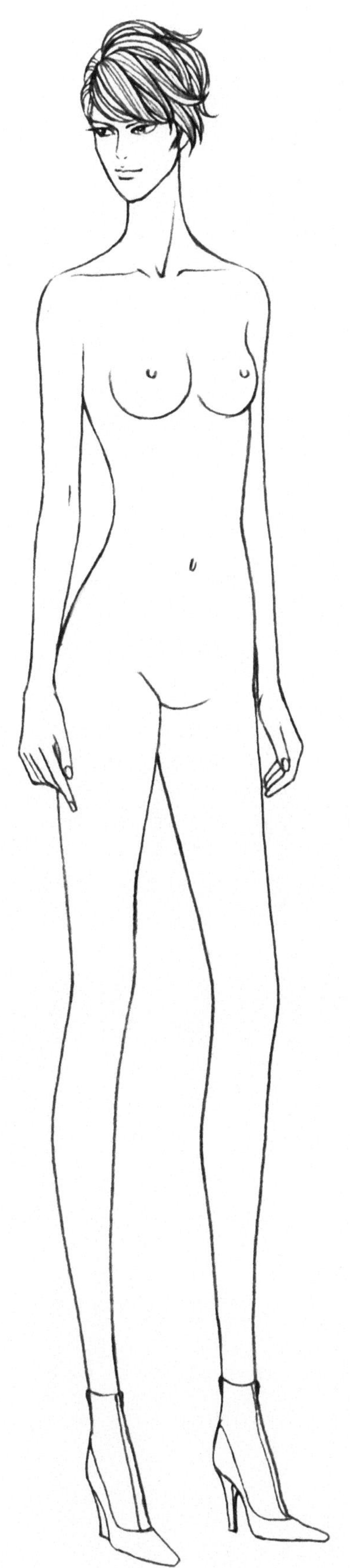

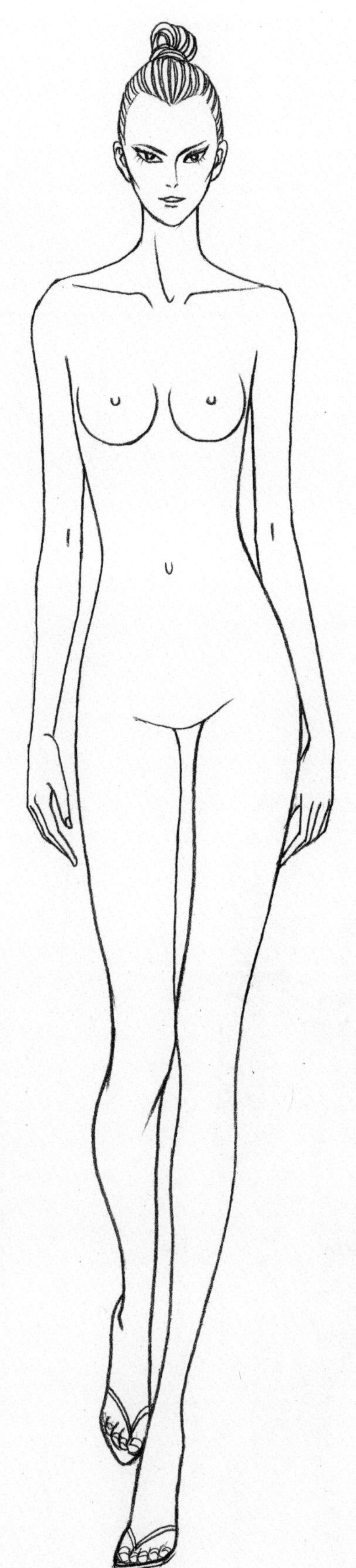

二、服装设计效果图表现的基本绘画步骤

(1) 用虚线把人体概括为简单的几何结构关系。

(2) 根据第一步连接几何体，添加肌肉而形成人体动态效果。

(3) 在人体上勾勒出服装的大体轮廓以及鞋子等饰物，同时简单描绘五官与发型。

(4) 进一步深入调整并刻画局部。

(5) 用线进行勾勒，完成服装设计效果图的完整线稿。

(6) 在此基础上选择不同的颜料和画笔进行着色。

(7) 同时可以表现出服装面料的不同质感。

第三节　服装设计效果图基本着色方法

一、头部着色

画好头部轮廓线，在面部的区域内，平涂肤色或适当着肤色，在着肤色的过程中留出面部五官的高光，如额角、颧骨、鼻梁等。当肤色全部晾干后，调制比肤色更深的颜色来加强画面部五官的立体效果，主要描绘的部位是眼窝、鼻梁侧面、鼻底等处，最后在面部进行化妆，如眼影、腮红、口红等。

二、服装着色

给服装的着色方法较多，但总的规律是先从整体着色开始，然后从整体到局部，根据合理的光源进行色彩明暗的着色描绘，逐渐刻画细节。通过着色使服装设计效果图更加显现设计师预想的实际效果。

三、整体着色

服装设计效果图的整体着色技法，应明确显示出服装设计效果图的总体和局部色彩的统一性和对比性。色彩的配置、面料的质感、着装人物的个性和服装风格的协调等，在整体着色过程中都必须加以考虑。通过整体着色的描绘，使服装设计效果图呈现出应有的形式特征和艺术效果。

第四节　服装设计效果图中服装面料质感的表现技法

服装设计效果图传达给人们的信息，除了该服装的造型款式和色彩外，服装面料的质地也是服装效果图所要表现的重要内容。构成服装的三要素是款式、色彩和面料。面料质地的选配是服装设计的组成部分和服装效果图应该表现的重要内容，因此，在服装设计效果图中，对面料质感的表现十分重要。一张完整的效果图，对服装面料的质感表现是必不可少的，它能较准确地反映服装设计效果图的最终产品效果。

服装面料的品种繁多，质地和花样不断推陈出新。如果要求在服装效果图上表现每种面料的品种，那是有困难的。我们一般只要把握住服装面料大的种类特征和风格就可以了。这里，我们把服装面料分为八大类，分别阐述它们不同的表现方法。

1. 粗纺织物

粗纺织物外观比较粗糙，有一定的绒毛效应，色彩沉稳，有杂色、混色效果，许多粗纺织物的组织结构比较清晰。

粗纺织物质感的表现方法都是以体现强调粗纺织物的性格特征和风格为前提的。一般常见的粗纺织物有许多不同的组织结构，有“人字纹”“篮开格子纹”“窗格纹”“犬齿纹”等，织物有规律地排列形成纹理。在描绘时可以着意模仿，将其再现于服装效果图上，服装设计效果图表现所描绘的纹路应时隐时现，从有到无，从弱到强，自然过渡，关键是掌握图案的主次与虚实，应力求勾画得恰到好处，体现节奏感。

2. 麻织物

麻织物硬中带柔，表面略有粗糙感，纹理比较清晰，由于不易染色，故以中浅色为主。在表现麻织物的质感时，可以利用麻织物的纹理和表面小颗粒状的特点来进行表达，只是不要将小颗粒点做得太突出，以免出现粗纺织物的效果。

3. 丝绸织物

丝绸织物柔软、轻薄，色泽鲜艳而又稳重。图案比较精细，光泽较好，悬垂性强。描绘时，应注意表现丝绸织物飘逸的质感和良好的光泽感及透明面料的整体视觉效果。

4. 针织织物

针织面料具有良好的弹性特征，穿着时紧贴人体，所以紧身健美裤、体操服、运动服、游泳衣裤等都选用针织面料，其次，针织面料非常柔软，穿着舒适，但定形性较差。针织物的组合结构明显区别于机织物，无论是纬编或经编织物，它们各自形成小的组织结构纹路，其中罗纹组织和透孔变化组织更明显，针织物这些主要特点是我们表现其质感的关键。描绘服装设计效果图时，应注意表现针织物的弹性和紧身的特点。模仿针织物组织结构和纹路，模仿针织物柔软、定形性差的轮廓特征。

5. 钩编织物

钩编织物大多是以毛线等为原料钩编而成，所以外观比较粗糙，许多织物上具有洞孔和网眼效果，纹路清晰，穿在人体上比较柔软，所表现出来的轮廓浑圆。羊毛衫一般具有贴身的感觉，棒针衫有下垂的感觉，钩编出来的服装纹理效果突出，粗细光滑感不同，所以这类服装也就各具特色，其表现方法应模仿钩编织物表面的毛绒感、纹路特征、服装的轮廓特征。

6. 牛仔织物

牛仔织物相对厚、硬，一般用来做牛仔服、春秋休闲装、工作服。由于牛仔织物厚硬，所以衣片缝合处、贴袋处都用双辑线，一方面增加牢度，一方面起到装饰作用。牛仔布面不很细腻，给人粗犷、豪放的感觉。可以通过描绘这类面料服装独特的双辑线迹，表现面料质感；用涂抹干擦的办法表现出面料的、厚、硬的外观效果。用这类面料做出的服装，外轮廓比较明确、硬爽，衣纹较大，在描绘时要注意这些特征。

7. 皮革

皮革类面料的主要特征是光滑的外观和比较强的光泽，特别是皮革服装穿着于人体后，在四肢屈伸处起褶皱的地方易产生亮光。动物皮革要比人造皮革光感柔和，但最重要的是表现出皮革面料的质感，抓住其光泽感是关键。

8. 皮草

皮毛类面料给人以绒毛的感觉，由于毛的长短不同，曲直形态和粗细以及软硬度的不同，其表现的外观效果也不同。画皮草类服装时可以从皮毛的结构和走向着手，也可以从皮毛斑纹上着手描绘。

第五章

服装设计效果图与服装设计

服装工作必须具有相当的耐心、细心与爱心才能把这个工作做好。服装效果图的绘图更不可草率，以致让打版师在制作纸样时会产生困惑，甚至错解了设计者的意图，因此要求设计者的图一定要画得既清楚又实际。

第一节　服装设计效果图草稿的功能

效果图草稿是从事服装设计者的原始构想记录，草稿完成之后，需再经过修饰和整理，才能成为服装设计的效果图。

一、服装设计效果图草稿的功能

画服装设计效果图草稿对于每一位服装设计工作者而言，是一个相当重要的构思阶段，累积了相当数量的草稿之后，再从其中挑选、比较，选出最适合的服装款式效果图。草稿可用最简单的工具（纸、铅笔、圆珠笔、钢笔等）来表现，单纯以服装的造型和结构线条为主，人物表现为辅，可节省许多时间。对于尚未决定生产与否的款式而言，草稿是最实用的设计过程。

二、单色服装设计效果图

单色服装设计效果图与服装草稿有些类似。所不同的是设计者经过草稿的构思阶段后，再从许许多多的草稿款式中挑选，再画出适合设计目标的人体着装设计效果图。着色一般用一个颜色完成，经过评估认为适合生产，即可附贴产品布样。

但现在有些公司许多设计师一般只画单色效果图，再贴上布样，就直接交付打样生产。

APPLES
orange
bananas
banana

第二节　服装设计效果图不同风格的表现

从事服装设计工作，为了更好地反映设计的不同感觉、情调和构思，可把不同的设计在服装设计效果图中用不同的风格来进行表现。下面介绍几种有代表性风格的款式设计。

一、青春活泼风格

活泼的气质，除了表现模特儿本身的动态、必须具有青春活力之外，布料的色泽感、花纹的使用效果、款式的造型效果等，还有勾线的用笔，着色的洒脱，这些都是不可忽视的要素，善于掌握这些要素就能营造出活泼青春的风格。

二、高雅风格

高雅的气质是表现端庄淑女最直接的技巧。一般来说，用笔要稳重，涂色要均匀，长礼服窄裙、直裙、组合礼服等都是淑女与高雅风格的最好表现。

三、摩登风格

摩登风格除了表现流行的应用外，黑色是最能表现摩登感的色调，不过配色与造型要考究。勾线和涂色方面可以大胆创新，可利用一些粗细变化较大的勾线方法来表达摩登风格。款式的流行与否也与摩登指数有很大的关系。

四、帅气潇洒风格

帅气潇洒与男性味具有非常亲近的关联性，在款式、配色、内部结构、廓型上都具有较男性化的风格。简练的造型、粗犷的线条都可表现这种风格。

五、华丽风格

缎或丝的质料，绣花与滚上毛皮的料子，都能表现高贵的华丽感。在描绘时要细致刻画，在设计时除了要善于把握素材的特性外，款式的构思也要以高贵大方为主，不能设计得太轻浮。

六、前卫风格

前卫风格的表现要力求大胆创新，在款式的设计上必须新颖有创意，这些款式的设计与绘制适合思想前卫者。

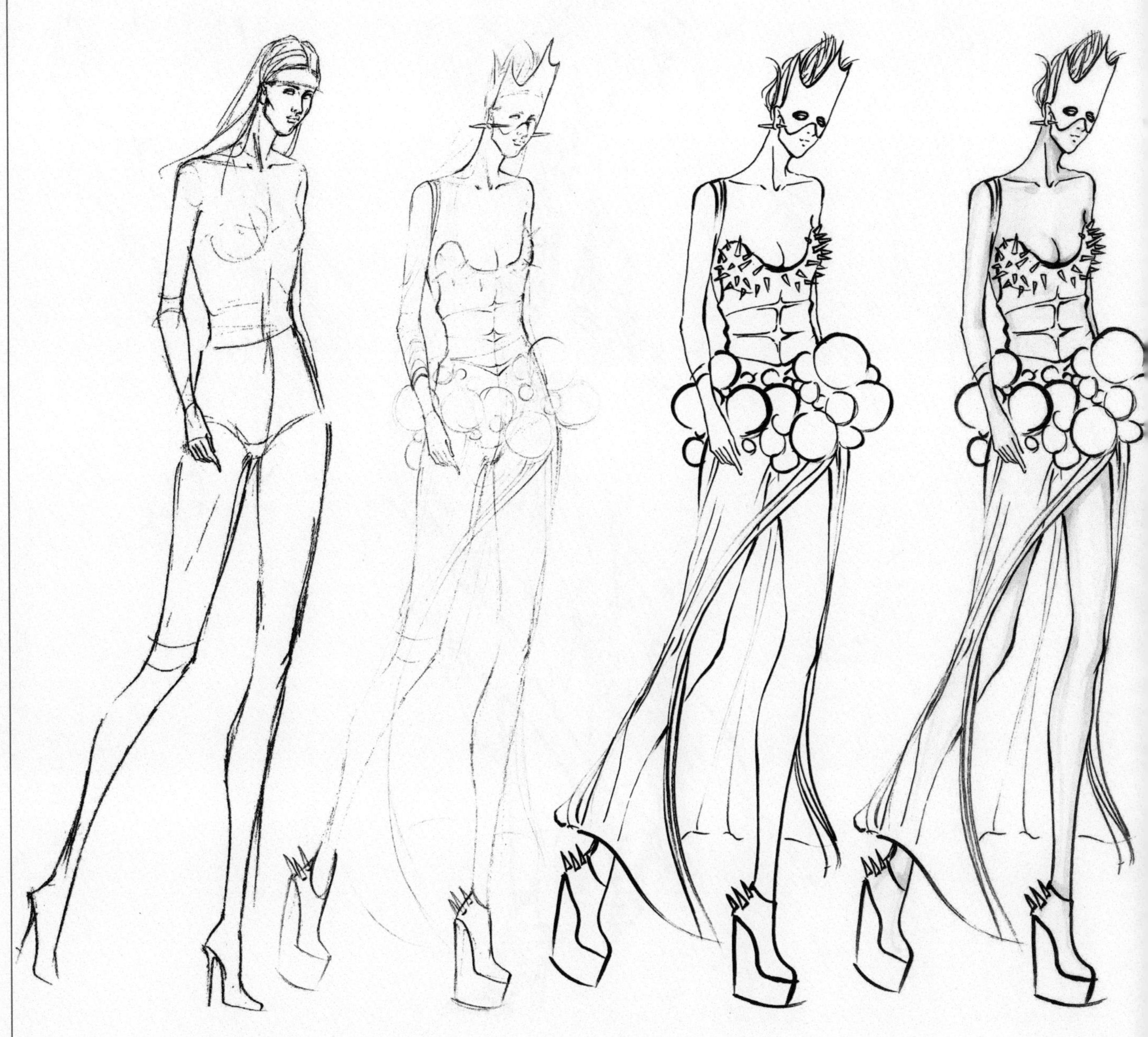

七、罗曼蒂克风格

要描绘出罗曼蒂克风格的服装设计效果图，可以去试着设计并表现新娘礼服中的碎褶效果，蕾丝、丝巾小缀花等都是表现罗曼蒂克风格的手段。罗曼蒂克风格必须在浪漫中兼具高雅格调，这样的品位才不会感觉散漫，在表现时手法要仔细，涂色要清晰明快。

八、古典风格

表现古典风格时要用均匀勾线的方法。色彩要涂得比较均匀，还必须以古典的色彩、造型来表现。古典的另一种解释是保守的，因此沉稳的色彩与保守的廓型，都能让人联想起古典意味。

九、中国风格

代表中国特色的元素相当多，比如中国红，旗袍造型、盘扣、民族的特有服饰，中国的古物、古画、器具、图案、扇子、帽子、建筑、庭院布景、木器雕刻等，都是很好的题材，但是要在服装设计效果图中有所取舍与规划。

十、民族风格

民族风格在服装的表现上，必须要注意各国民族服装的特征，将其精神表现在现代服装设计上，对其元素的理解、认知与合理应用是非常关键的，它包括款式、图案、色彩、技艺、位置等不同内容的把握。

十一、职业女装

职业女装除了要注意高雅大方之外，必须考虑到工作时的活动性与机能性，穿着舒适性是相当重要的，颜色应以沉稳含蓄的色调为主，不应表现得太过花俏，以致影响到他人上班的情绪，涂色要均匀、稳重，表现上要严谨适度。

服装设计效果图是关于视觉传达的造型艺术，既包含艺术成因，又有科学技术含量。服装设计效果图是服装设计表现的重要组成部分，是服装设计系列技能的专业基础能力。本书的编写以循序渐进为基本原则，由服装设计效果图概述、服装设计效果图的人体结构、人体着装、服装设计效果图的表现技法、服装设计效果图与服装设计5个部分组成。本书对于服装设计效果图的每个阶段都有明确的目的性，特别注重培养读者的心智、敏锐力、观察力，激发读者的创造性，发挥读者的潜能，扩大其视野，锻炼其解决问题的灵活性等。它可以反作用于思想，有利于服装设计效果图的正确与创新表达。本书旨在培养读者形成一种服装设计效果图的表现意识，为以后的服装设计奠定良好基础。

本书既可以作为高等教育服装及相关专业的教学用书，又可以作为服装从业者、服装爱好者练习及提升服装设计效果图手绘能力的参考书。

图书在版编目（CIP）数据

服装设计效果图技法/王群山著. —2版. —北京：化学工业出版社，2018.6

ISBN 978-7-122-31970-8

Ⅰ.①服… Ⅱ.①王… Ⅲ.①时装-绘画技法 Ⅳ.①TS941.28

中国版本图书馆CIP数据核字（2018）第077808号

责任编辑：李彦芳　　装帧设计：知天下

责任校对：边　涛

出版发行：化学工业出版社（北京市东城区青年湖南街13号　邮政编码100011）

印　　装：涿州市般润文化传播有限公司

880mm×1230mm　1/16　印张13　字数321千字　2018年8月北京第2版第1次印刷

购书咨询：010-64518888　　售后服务：010-64518899

网　　址：http：//www.cip.com.cn

凡购买本书，如有缺损质量问题，本社销售中心负责调换。

定　　价：68.00元